Na⁺、K⁺

稳态平衡与
植物耐盐抗旱性
研　究

王 茜　王 沛　周青平　王普昶　杨学东 等⊙著

中国农业出版社
北 京

编 委 会

主　著　王　茜　王　沛　周青平

副主著　王普昶　杨学东　宋雪莲　康　鹏

　　　　康建军　张俊超　郭　强

著　者　欧二绫　吉玉玉　韦兴迪　王志伟

　　　　安永平　周　月　余　芳　马　蓉

　　　　文婧荣　屈　璇　李　莉

作者单位

西南民族大学
贵州省草业研究所
兰州大学
贵州师范大学
贵州大学
贵州省草地技术试验推广站
北方民族大学
中国科学院西北生态环境资源研究院
北京市农林科学院
贵州农业职业学院

项目资助

1. 国家自然科学基金项目"枯草芽孢杆菌在高羊茅适应低氮胁迫中的作用研究"（项目编号：31802128）

2. 西南民族大学"双一流"项目"盐生牧草小花碱茅适应盐涝交互逆境的机制研究"（CX2023013）

3. 国家自然科学基金后补助项目"高分辨率山地植被类型空间分布模拟研究"（黔农科院国基后补助〔2021〕35 号）

4. 贵州省高层次创新人才项目"百层次人才"（黔科合平台人才-GCC〔2022〕022－1）

5. 贵州省科研机构创新能力建设项目"贵州草地资源管理与高效利用创新能力建设"（黔科合服企〔2022〕004）

CONTENTS
目 录

···· 第一章 ····
概　述

　　干旱胁迫和盐胁迫是全球农牧业生产中最为严重的环境胁迫，对植物的生长发育、产量和品质造成了巨大的影响。全球范围内，干旱胁迫和盐胁迫正在不断加剧。随着全球气候变化导致的气温升高、降水不均，干旱的程度和频率在加剧；同时，由于过度使用化肥、灌溉不当等人类活动，盐渍化也在许多地区急速发展，全球范围内，大量的土地正逐渐变得不适合农牧业生产。因此，干旱和盐害已然成为农林领域最为关注的问题。

　　中国作为农业大国，亦面临着干旱和盐胁迫的严峻挑战。目前，我国国土面积的二分之一为干旱地区，包括我国的西北、东北地区以及部分内陆省份，面对水资源紧缺问题，土壤干旱程度日趋加重（徐靖，2018）。除此之外，我国现有盐碱地面积约 9 913 万 hm^2，包括黄淮海地区、西南部分地区以及江苏、浙江等沿海省份均面临着不同程度的盐渍化问题（江杰和王胜，2020）。而这些问题不仅影响当地农牧业的发展，也对全国粮食安全产生重大影响。一方面，干旱条件下，植物由于缺水而出现生理性脱水，出现叶片枯黄、凋萎，甚至死亡，严重影响农作物的产量和品质；另一方面，高盐度的土壤会抑制植物的根系生长和吸收水分、养分的能力，导致植物生长受限、产量下降，并且影响其品质。这些逆境条件最终均会导致农业生产的损失，影响粮食和畜牧业的稳定供应。

　　众所周知，植物在生长过程中，对环境气候、土地条件、人为参与等因素，会产生一定的生理响应，以至于其生长发育情况不尽相同。一般来说，在适宜的外界环境下，植株生长发育受到促进，抗逆能力较强；而在贫瘠的土壤条件下，植株生命活动通常受到限制，生长迟缓，抗逆能力减弱，严重时甚至死亡（汤思文，2020）。

　　干旱和盐胁迫对植物生长和生理代谢产生多方面影响（杨春雪，2008）。干旱胁迫是指土壤水分严重不足，使植物难以获取足够的水分来满足正常生长所需，导致植物处于生理性脱水状态。在干旱胁迫条件下，植物首先会产生一系列生理反应来适应缺水环境，例如，植物会调节气孔开闭来控制水分蒸发，降低光合作用速率；根系会发展更深的根系结构来寻找更深处的水源；细胞利用激素水平变化以调节植物的生长发育过程；植物还能通过积累脯氨酸、脂肪酸、抗氧化物质等一系列保护物质，来减轻细胞脱水所造成的损伤（郭华军，2010）。盐胁迫是指土壤中盐分含量过高，导致植物根系吸收水分和养分受限的一种逆境情况。盐分通常主要由钠离子（Na^+）和氯化物（Cl^-）组成，其含量超过植物耐受范围，会导致细胞渗透调节失衡，细胞内离子浓度紊乱，从而影响植物的正常生理代谢（Wang et al.，2003；Munns and Tester，2008）。干旱胁迫和盐胁迫是全球农牧业生产面临的重要问题，对植物的生长发育和产量造成严重影响。理解干旱和盐胁迫对植物的影响机制，寻找抗逆性强的品种以及培育适应逆境环境的新型农作物，对于应对全球气候变化和保障粮食安全具有重要意义。

因为植物在干旱胁迫或者盐胁迫的环境中对本体造成的伤害首先是水分亏缺，所以两者在植物体内都会引起细胞的渗透压增加，导致细胞脱水，因此，维持细胞内水分和离子的平衡对植物适应逆境环境至关重要。植物的生理和生化过程需要各种离子元素。许多阳离子，如：K^+、Na^+、Ca^{2+}、Cu^{2+}、Co^{2+}、Fe^{2+}、Mg^{2+}、Mn^{2+}、Ni^{2+}、Zn^{2+} 等，被发现对植物生长发育至关重要。植物通常通过根系从土壤中获取各种形式的阳离子，然后，这些阳离子会被分配到植物体内各种组织、器官、亚细胞等，参与各类代谢过程（徐鲜钧等，2007）。其中，K^+ 和 Na^+ 是植物细胞内最主要的阳离子，它们在植物细胞内起着不同的作用，而且它们之间的稳态平衡对植物的生长和生理代谢有着复杂的影响。

首先，K^+ 是植物生长发育所必需的大量元素，在植物生理过程中具有重要地位（Xu et al.，2020），特别是作为细胞的渗透调节组分，在植物抗逆性中起到至关重要的作用（胡兴旺等，2015）。它参与细胞壁和多种酶活性的形成，调节细胞的渗透压，影响光合作用和光呼吸等重要代谢过程。维持细胞内适当的 K^+ 浓度可以增强植物细胞的渗透调节能力，使细胞保持适度的膨压，减缓干旱胁迫或盐胁迫导致的细胞脱水。此外，K^+ 还参与维持细胞膜的稳定性和选择性、通透性，保持细胞内外的离子平衡，维持细胞的正常功能（Wang et al.，2013；Shabala and Pottosin，2014；Wu et al.，2018）。与 K^+ 不同，Na^+ 相对有害，它是造成植物盐害及产生盐渍生境的主要离子（宋鑫，2019）。高浓度的 Na^+ 会干扰细胞的正常代谢过程，破坏膜结构和膜功能，抑制酶的活性，导致细胞膨压下降，细胞脱水加剧，细胞壁结构受损，进而影响植物的正常生长和生理功能（Munns and Tester，2008）。高盐环境还会抑制植物的光合作用、呼吸作用和叶绿素合成，影响植物的生长和产量（王丽艳等，2018）。不仅如此，盐胁迫还会导致细胞内离子紊乱，尤其是 K^+ 和 Na^+ 之间的平衡被打破，土壤中过多的 Na^+ 会与 K^+ 竞争结合位点，导致细胞内 K^+ 含量降低，进而影响植物的生长和适应能力（Basu et al.，2021）。因此，维持适当的 K^+ 含量，减少过多的 Na^+ 积累，对在干旱和盐胁迫下的植物来说，具有重要意义。

在逆境胁迫下，植物需要通过调节 K^+ 和 Na^+ 的吸收及运输来维持细胞内离子稳态平衡。植物通过根系对土壤中的 K^+ 和 Na^+ 进行吸收，并利用特定的转运蛋白将它们从根部分配到各个组织和细胞中。在整株层面，维持植物体内的 K^+ 含量和 K^+/Na^+ 比对植物的耐盐抗旱性至关重要。高 K^+ 含量和较高的 K^+/Na^+ 比意味着植物细胞内水分和渗透压得到良好的调节，细胞脱水得到减缓，细胞正常的生理代谢和功能能够维持，植物对干旱和盐胁迫的适应能力增强（Genc et al.，2007；Chen et al.，2007）。相反，低 K^+ 含量和较低的 K^+/Na^+ 比会导致细胞内水分丧失，细胞功能受到严重损害，从而减弱植物对逆境的耐受能力（Taha et al.，2000）。在细胞层面，根系质外体屏障，如凯氏带和木栓层，在维持 K^+、Na^+ 稳态平衡方面也发挥重要作用。凯氏带是根系的主要水分屏障，它通过调节根毛的生长和根细胞的渗透调节来限制 K^+ 和 Na^+ 的进入。木栓层是根系的次级屏障，通过其内部的亲水性区和疏水性区来控制离子的跨越。在逆境胁迫下，这些质外体屏障会发生变化，进而影响植物对 K^+ 和 Na^+ 的吸收和分配，从而对植物的耐盐抗旱性产生影响。综上所述，Na$^+$、K$^+$稳态平衡在植物耐盐抗旱性中具有关键性作用。维持适当的 K$^+$ 含量和 K$^+$/Na$^+$ 比可以增强植物细胞的渗透调节能力，减轻胁迫引起的细胞脱水，维持细胞正常的生理代谢和功能（赵春梅等，2012）；同时，质外体屏障的发育和变化也会影响植物对 Na$^+$ 和 K$^+$ 的吸收和分配，进而对植物的耐盐抗旱性产生影响。因此，深入理解 Na$^+$、K$^+$ 稳态平衡的调节机制，对于培育抗旱耐盐的新品种，提高农牧业生产的适应能力和稳定性具有重要意义。

本书从 Na$^+$、K$^+$ 稳态平衡与植物耐盐抗旱性角度出发，分别从干旱和盐胁迫的危害，旱生植物和盐生植物的适应机制，Na$^+$、K$^+$ 稳态平衡在抗逆中的重要作用，K$^+$ 和 Na$^+$ 分别在植物体内的吸收及运输过程，根系质外体屏障与植物耐盐抗旱性之间的关系几个方面向读者进行详细介绍，系统阐释面对干旱和盐胁迫危害，旱生植物和盐生植物的生长策略，揭示了挖掘其抗逆机制及抗逆基因的重要性；并以干旱和盐渍化为主，通过介绍 Na$^+$、K$^+$ 在植物体内的吸收和运输，以及质外体屏障在植物响应环境胁迫中的作用机制，揭示了 Na$^+$、K$^+$ 如何在逆境胁迫下共同作用达到稳态平衡，以增强植物抗逆性的。

参考文献

郭华军，2010. 水分胁迫过程中的渗透调节物质及其研究进展 [J]，安徽农业科学，38（15）：7750 - 7753，7760.

胡兴旺，金杭霞，朱丹华，2015. 植物抗旱耐盐机理的研究进展 [J]，中国农学通报，31（24）：137 - 142.

江杰，王胜，2020. 我国盐碱地成因及改良利用现状 [J]. 安徽农业科学，48（13）：85 - 87.

宋鑫，2019. 多年生黑麦草耐盐关键基因的挖掘与关联分析 [D]. 兰州：兰州大学.

汤思文，2020. 水分条件及淹水对香蒲幼苗生长、生理的影响 [D]. 南昌：江西师范大学.

王丽艳，杨帆，李睿瑞，等，2018. 不同种类盐胁迫对绿豆种子萌发及幼苗生长的影响 [J]. 黑龙江八一农垦大学学报，30（5）：20 - 26.

徐靖，2018. 联合国公布《2018 年世界水资源开发报告》[J]. 水处理技术（4）：35.

徐鲜钧，沈宝川，祁建民，2007. 植物耐盐性及其生理生化指标的研究进展 [J]. 亚热带农业研究，3（4）：275 - 280.

杨春雪，2008. 星星草（*Puccinellia tenuiflora*）解剖结构特征及重要物质组分变化与耐盐性关系研究 [D]. 哈尔滨：东北林业大学.

赵春梅，崔继哲，金荣荣，2012. 盐胁迫下植物体内保持高 K$^+$/Na$^+$ 比率的机制 [J]. 东北农业大学学报，43（7）：155 - 160.

BASU S，KUMAR A，BENAZIR I，et al.，2021. Reassessing the role of ion homeostasis for improving salinity tolerance in crop plants [J]. Physiologia Plantarum，171（4）：502 - 519.

CHEN Z，ZHOU M，NEWMAN I A，et al.，2007. Potassium and sodium relation sin salinised barley tissues as a basis of differential salt to lerance [J]. Functional Plant Biology，34（2）：150 - 162.

GENC Y，MCDONALD G K，TESTER M，2007. Reassessment of tissue Na$^+$ concentration as a criterion for salinity tolerance in bread wheat [J]. Plant，Cell and Environment，30（11）：1486 - 1498.

MUNNS R，TESTER M，2008. Mechanisms of salinity tolerance [J]. Annual Review of Plant Biology，59：651 - 681.

SHABALA S, POTTOSIN I, 2014. Regulation of potassium transport in plants under hostile conditions: implications for abiotic and biotic stress tolerance [J]. Physiologia Plantarum, 151 (3): 257 – 279.

TAHA R, MILLS D, HEIMER Y, et al., 2000. The relation between low K$^+$/Na$^+$ ratio and salt – tolerance in the wildtomato species *Lycopersicon pennellii* [J]. Journal of Plant Physiology, 157 (1): 59 – 64.

WANG M, ZHENG Q, SHEN Q, et al., 2013. The critical role of potassium in plant stress response [J]. International Journal of Molecular Sciences, 14 (4): 7370 – 7390.

WANG W, VINOCUR B, ALTMAN A, 2003. Plant responses to drought, salinity and extreme temperatures: towards genetic engineering for stress tolerance [J]. Planta, 218 (1): 1 – 14.

WU H, ZHANG X, GIRALDO J P, et al., 2018. It is not all about sodium: revealing tissue specificity and signalling roles of potassium in plant responses to salt stress [J]. Plant and Soil, 431 (1/2): 1 – 17.

XU X, DU X, WANG F, et al., 2020. Effects of potassium levels on plant growth, accumulation and distribution of carbon, and nitrate metabolism in apple dwarf rootstock seedlings [J]. Frontiers in Plant Science, 11: 904.

···第二章···
干旱和盐胁迫的危害

与动物一样，植物的生长发育也需要适宜的环境条件。然而，地球表面的大部分土地在大多数时间都处于旱、涝、热、冷、盐碱和污染等不适宜植物生长的不良环境状态之中，使生长在这些地方的植物生理代谢与生命进程受到不同程度的影响与伤害。除了少数诸如苏醒树、卷柏、风滚草等植物能够有所移动外，大多数植物均是"固定不动"的（李唯，2011）。那么植物都有哪些方法和机制去适应和抵御不良环境呢？对于农业生产而言，不适宜的环境条件最终会导致作物产量减少和品质降低。因此，研究和揭示植物应答各种不良环境伤害、适应性变化和驯化的机制，不仅具有重大的科学意义，也可以为农业生产制订科学合理的栽培与管理措施，指导抗逆新品种培育提供理论依据。

第一节 逆境及逆境对植物的伤害

一、逆境概念和种类

对植物生存与生长发育不利的环境因子，总称为逆境或胁迫（stress）（赵可夫和王韶唐，1990）。逆境的种类包括非生物胁迫（物理胁迫、化学胁迫）和生物胁迫。逆境的种类有很多（图2-1），但都会引起植物细胞脱水、生物膜被破坏、各种代谢无序进行（曹仪植和宋占午，1998）。逆境的产生原因有多种，但总体来说有自然产生的和人为造成的两大方面。自然产生的逆境包括干旱、高温、低温、盐碱、水涝、辐射等；人为造成的逆境则包括污染和次生盐碱化等（白宝璋等，1996）。

二、植物抵抗逆境的生理和发育机制

生活在自然环境中的植物对于环境胁迫有一定的适应和抵抗能力，也就是具有生存或进行生长发育的能力，称之为植物的抗逆性（stress resistance）。植物对逆境的抵抗方式在生理和发育水平可分为两类，即御逆性和耐逆性。御逆性亦称避逆性（stress avoidance），是指植物通过各种途径避免逆境对植物产生的直接效应，维持植物在逆境条件下正常生理活动的能力（赵可夫和王韶唐，1990）。御逆性的本质是植物不与逆境达到热力学平衡。例如，仙人掌属（*Opuntia* Mill.）植物具有变态的叶片和发达的角质层，以避

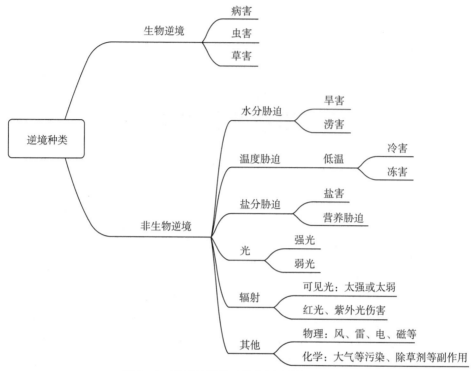

图 2-1　逆境的种类（张立军和刘新，2010）

免水分的散失（张立军和刘新，2010）；一些旱生植物有异常发达的根系，在干旱环境下通过增加水分吸收来弥补蒸腾造成的水分损失；一些抗盐植物具有泌盐的功能，从而避免体内的盐分含量升高。

耐逆性（stress tolerance）是指植物虽然经受逆境的直接效应，但可通过代谢反应阻止、降低或修复逆境造成的伤害的能力（赵可夫和王韶唐，1990）。具有耐逆性的植物，在逆境条件下不能避免地与逆境达到热力学平衡，但可避免或减轻达到平衡后产生的伤害（张立军和刘新，2010）。研究表明，水稻（*Oryza sativa*）叶片的脯氨酸含量在 0.3% 盐胁迫时达到峰值，随盐胁迫水平升高，脯氨酸含量降低，这说明水稻在盐胁迫下，可通过累积脯氨酸调节细胞渗透压，但细胞的这种调节能力是有一定范围的（王旭明等，2019）。在盐胁迫下，植物会主动积累一些无机离子、小分子有机化合物和蛋白类保护剂，如 Na^+、K^+、有机物、脯氨酸、有机酸等，来维持细胞内的渗透平衡，以避免盐胁迫造成伤害（李亮，2017）。

三、植物的适应性与抗性锻炼

植物的抗逆性是一种在长期进化过程中形成的适应性（adaptability）反应，是由基因型决定的，但是这种特性只有在特定的因子诱导下才能逐步表现出来。植物对不利于生存和生长发育环境的逐步适应过程，称为锻炼（hardening）或驯化（acclimation）（赵可夫和王韶唐，1990）。锻炼可在自然条件下进行，如越冬作物经受秋季逐渐降低的温度锻炼，可以忍受冬季的严寒。锻炼也可人为进行，如在春季，温室里的植物在被移到户外前需要用逐渐降低的温度处理，诱导植物产生对户外低温的抵抗能力（路文静，2011）。逐渐恶化的环境因子的作用是诱导植物抗逆遗传特性的表达。

植物抗逆性的诱导具有交叉特性（cross-induction）。例如，植物经过抗旱锻炼后可提高对低温等逆境的抵抗能力，这说明植物对逆境的抵抗反应具有共性或具有一定的交叉性。与单旱胁迫或单盐胁迫相比，旱盐交叉胁迫存在一定的相互影响效应，适度干旱可以减轻盐胁迫对文冠果生理代谢的扰乱（施智宝等，2021）。有研究表明，盐旱双重胁迫对白花泡桐（*Paulownia fortunei*）幼苗生理特性的影响并不是单一胁迫的简单叠加，而是表现出交叉适应性，盐旱双重胁迫在一定程度上能够缓解盐胁迫对白花泡桐幼苗生长的影响（朱秀红等，2021）。在干旱胁迫下，低氮处理植株可以增强电子传递，使植株进行光呼吸，降低光抑制，提高叶片水势和生长速率，增强植株耐旱性（Gao et al.，2019）。

四、植物对环境胁迫的反应

植物对环境胁迫的反应与环境因子的性质和胁迫的特性有关，包括胁迫的持续时间、胁迫的强度、环境因子的组合、胁迫的次数。植物对环境胁迫的反应还与植物自身的特性有关，包括植物的器官和组织、植物的发育阶段、植物的受胁迫经历以及植物的种类或基因型（李合生，2006）。植物对逆境的反应可分为 3 个水平，即整体水平（也称为生理或发育水平）、细胞和代谢水平、分子水平。植物在整体水平上对逆境的抗性反应往往被称为系统抗性，包括发育时期发生改变、根系扩大、地上部生长放缓、叶片脱落、叶片被萎蔫等（赵可夫和王韶唐，1990）。植物在细胞水平上对逆境的抗性反应一般被称为细胞抗性，包括渗透调节、增强活性氧清除能力、激素平衡发生变化、积累保护性物质、膜组分和结构发生改变等。在逆境条件下，植物基因表达所发生的相应变化属于植物在分子水平上对逆境的反应。在逆境条件下，植物通过信息传递的变化将整体水平、细胞和代谢水平、分子水平的反应整合在一起，使植物在整体上对环境胁迫作出应答。

五、环境胁迫引起的植物生理生化变化

在逆境条件下，环境胁迫直接或间接地引起植物体发生一系列的生理生化变化，包括有害变化和适应性变化，不同胁迫引起的变化存在一定的共性。

（1）生长速率变化。植物地上部分的伸长生长对环境胁迫非常敏感，尤其是在干旱胁迫下，还未检测到光合速率的变化时，叶片的伸长生长就已经变缓甚至停止。然而，在干旱的开始阶段或在较轻的干旱胁迫下，根系的发育受到促进。研究表明，低温处理后，植株会出现生长迟缓、萎蔫皱缩、叶片黄化或变褐，叶柄软化等表型变化（梁燕芳等，2022；许英等，2015）。例如，低温胁迫会抑制"罗宾娜"百合株高生长（葛蓓蕾等，2019）；"大哥大"红掌（*Anthurium andraeanum*）在低温胁迫下新叶萎蔫、老叶焦枯增加（田丹青等，2011）。干旱延缓了根、茎、叶的发育，使细胞的分裂、扩展和分化降低，种子萌发和幼苗生长受阻，生物量减少（Xie et al.，2019）。羊草（*Leymus chinensis*）采

用主根变长变细、分叉增加、须根增多、根总面积增大等策略来适应干旱环境（Hamzeh et al.，2022）。也有研究发现，根系内皮层细胞壁的栓质化程度可能是抗旱植物保存水分的机制之一（徐涛等，2022）。

（2）水分亏缺与渗透调节。许多环境胁迫都能导致植物体发生水分亏缺，例如，在干旱和盐胁迫下，环境的低水势直接影响植物的水分吸收，导致植物组织发生水分亏缺；0℃以上的低温胁迫影响根系的吸水能力，引起生理干旱，冰冻胁迫在细胞间隙结冰时引起原生质体脱水，导致水分亏缺；越冬的木本植物地上部由于升华失去水分，植物组织因得不到补充而发生水分亏缺。植物应对水分亏缺的重要生理机制之一是进行渗透调节，即积累可溶性的渗透调节物质，降低细胞水势，增强吸水和保水能力。细胞渗透调节物质主要有两大类，一类是从外界环境中吸收的无机离子：K^+、Cl^-、Na^+等；另一类是细胞内新合成的有机物质：可溶性糖、脯氨酸、甜菜碱和其他物质（王磊等，2018）。K^+和游离脯氨酸积累对旱生植物的干旱适应起着重要作用，Na^+积累是多肉旱生植物适应干旱最有效的策略之一（何芳兰，2019）。目前，对脯氨酸（proline，Pro）、可溶性糖（soluble sugar，SS）、甘氨酸甜菜碱（glycine betaine，GB）等渗透调节物质的研究较多。一些研究发现，脯氨酸积累是植物为抵抗干旱胁迫而采取的保护措施（师微柠等，2023）。

（3）光合作用的气孔和非气孔限制。在环境胁迫下，植物的光合速率下降。研究表明，光合速率下降是气孔因素和非气孔因素双重作用的结果，但在不同的胁迫阶段，二者所起的作用有所差异（Escalona et al.，1999）。在多种逆境下，当植物的水分供应受到限制或发生水分亏缺时，气孔保卫细胞的水势下降，气孔开度减小或部分关闭，进而影响CO_2的供应，使光合作用降低（Chaves et al.，2008）。在严重环境胁迫下，叶绿体的膜系统受到破坏，光反应和暗反应受到阻碍，这时尽管CO_2供应充足，但是光合速率仍然下降，这就是光合作用的非气孔限制（Chaves et al.，2008）。此外，环境胁迫还会限制植物生长，使叶面积减小进而限制光合作用。光合作用降低将导致植物碳素营养的不足。

（4）呼吸作用变化。在环境胁迫下，植物呼吸作用会明显变化。主要表现在3个方面：①呼吸速率的变化，在逆境下，呼吸速率有时会出现升高的现象（冷、旱），但很快下降；②呼吸代谢途径的变化，在多数环境胁迫下，植物的糖酵解-三羧酸循环途径（EMP-TCA）减弱，磷酸戊糖途径（PPP）相对加强；③呼吸效率降低，由于线粒体在逆境下的结构和功能发生改变，导致氧化磷酸化解偶联，ATP的合成减少，以热形式释放的呼吸能量增加（张立军和刘新，2011）。

（5）合成代谢减弱，分解代谢加强。参与合成作用的酶往往是多亚基酶或以多酶复合体的形式存在，并且存在于膜上或其功能受膜结构和膜功能的影响。当植物受到胁迫时，由于脱水效应（干旱、盐碱）、疏水键减弱（低温）、离子胁迫（盐碱）等，酶变性失活，从而导致合成作用的减弱。水解酶多为单亚基酶，其活性受逆境的影响小，而且在逆境条件下，由于膜结构被破坏，水解酶从细胞器中释放出来与底物接触，促进水解作用。

（6）活性氧的积累和清除。活性氧造成的伤害主要包括以下3类。①使膜脂过氧化：即膜脂中不饱和脂肪酸的过氧化分解。膜脂有序排列被破坏，膜透性加大，内含物外渗。该过程的主要产物为丙二醛（malondialdehyde，MDA）。②对蛋白质的伤害：活性氧会导致蛋白质中的硫氢基被氧化为二硫链，导致蛋白质自由基的形成，导致二聚体蛋白质的形成或由膜脂过氧化产物丙二醛将二分子蛋白质交联在一起。③对核酸的伤害：与核酸中的碱基发生加成反应或抽提碱基中的氢，使碱基变为自由基或降解。

在环境胁迫下，组织活性氧的产生和积累增加是一个普遍的现象，也是多数环境胁迫引起伤害的重要机制之一（图2-2）。活性氧的清除系统在逆境下的表达量及活性都会增加，这是植物抗性提高的重要环节。抗逆性强的植物在环境胁迫下会增强活性氧的清除能力（酶系统和非酶系统），以防止活性氧的积累并减轻伤害。

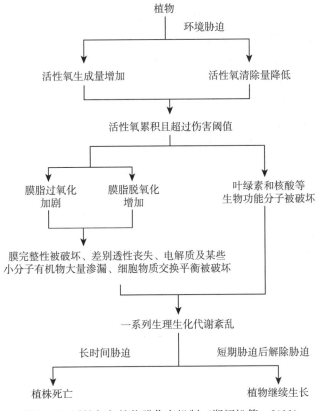

图2-2 活性氧与植物膜伤害机制（郑炳松等，2011）

（7）激素平衡的变化。不同植物激素之间的互相作用可以在激素的生物合成或信号转导水平上通过协同或拮抗关系调控植物的防御反应（Tao et al.，2015），通过形成植物激素互作调控网络诱导植物对逆境的生理适应（Riemann et al.，2015）。其中，脱落酸（abscisic acid，ABA）在植物应对非生物逆境的响应过程中具有关键作用，能与多种植物激素互作，是逆境响应的主要核心元件（Carlos and Ian.，2016）。

在胁迫条件下，植物体内ABA的合成途径被激活，降解途径被抑制，ABA含量升高。在高等植物，尤其是拟南芥中，ABA生物合成途径的研究相对深入。多种非生物胁迫处理，如干旱和盐胁迫等，都会诱导拟南芥ABA合成途径相关基因（包括ZEP、NCED、LOS5-ABA3和AAO等）的表达。过表达ABA合成途径中的任何一个基因都能够提高转基因植物对胁迫的抗性（Zhu，2002）。受 ABA 诱导表达的基因的启动子序列中一般存在一个保守序列：PyACGTGGC（ABRE）。ABRE 是受 ABA 调控的基因的特征性顺式作用元件，在胁迫诱导功能基因中广泛存在。MYC/MYB 转录因子是 ABA 依赖型途径的重要成员，传递 ABA 信号，并上调下游胁迫应答功能基因。盐信号经 ABA 识别后传给 MYC/MYB 转录因子，MYC/MYB 转录因子调节抗逆功能基因表达以应答盐胁迫。

（8）基因表达的变化与逆境蛋白的合成。环境胁迫抑制植物一些基因的表达，但是同时也诱导植物一些与抗逆性有关的基因的表达。这些基因主要分为两类：一类是直接与植物的抗逆生理生化反应有关的功能基因，如逆境蛋白等；另一类是调节蛋白基因（转录因子）或参与抗逆细胞信号转导的蛋白质基因。

（9）细胞膜结构改变与选择透性丧失。细胞膜是各种逆境引起伤害的原初作用部位。在逆境条件下，细胞膜结构受损，选择透性丧失，细胞可溶性内含物外渗。导致膜结构损伤的原因有两个：一个是逆境的直接效应，如干旱脱水、高温液化、低温相变；另一个是间接效应，如活性氧引起细胞膜脂的过氧化分解。植物对膜结构损伤的应答反应包括渗透调节、改变膜脂饱和及不饱和脂肪酸的比例、积累保护性物质和提高清除活性氧的能力等。

第二节　旱害与植物的抗旱性

一、干旱及干旱类型

（一）旱害概念

水分是影响植物生长发育的重要因素之一（Boyer，1982）。正常生理条件下，植物吸水大于耗水，以保障自身对水分的需求从而维持正常的生理代谢。对植物产生有害效应的环境水分过多或过少均称为水分胁迫（water stress），其中水分过少即为干旱。从植物逆境生理角度来说，干旱（drought）实际上是指破坏植物的水分平衡、对植物产生脱水效应的环境状态，由此对植物产生的伤害称为旱害（drought injury）（曹仪植和宋占午，1998）。干旱是限制植物生长发育的重要环境因子。全球约有 61 亿 hm² 干旱区，而且随着全球气候变化，近年来这一面积正在迅速扩大。我国是世界上主要的干旱国家之一，旱灾是我国最频繁发生的自然灾害之一（Jiang et al.，2021），全国干旱、半干旱地区面积约占国土面积的 50%（李燕等，2007）。在中国西北和华北地区，干旱缺水是影响农业生产的重要因子（杨凯等，2015；张凤华等，2004）；南方各地虽然降雨量相对充沛，但由于各月分布不均，也时有干旱危害。研究水分胁迫及其对植物的伤害机理，在理论上和实践中都具有重要意义。

（二）干旱胁迫的类型

干旱对植物的直接效应是脱水，从而引起植物的水分亏缺。根据导致植物发生水分亏缺的原因，可将干旱分为 3 种类型（曹仪植和宋占午，1998）。

　　(1) 土壤干旱。指土壤中可利用的水分不足或缺乏，植物吸收的水分少于蒸腾等代谢活动所需要的水分，根系吸水困难，使其水分亏缺引起永久萎蔫，且使植物生长停止或者完全停止的现象（曹仪植和宋占午，1998）。

　　(2) 大气干旱。指空气过度干燥，相对湿度过低（10%～20%），常伴随高温、强光照和干风，导致蒸腾加快并且破坏植物体内水分平衡，从而使植物受到伤害的天气状况（曹仪植和宋占午，1998）。我国西北和华北地区常有大气干旱发生，"干热风"是大气干旱的典型例子，大气干旱如果持续过久会导致土壤干旱（王宝山，2004）。

　　(3) 生理干旱。指在土壤并不缺水的条件下，由于不利的环境条件抑制了根系的正常吸水，引发植物旱害并出现水分亏缺的现象（曹仪植和宋占午，1998）。盐碱土、施化肥过多等都可能导致生理干旱，严重时造成植株死亡。

二、干旱对植物的危害

　　干旱对植物最直观的影响是引起叶片、幼茎的萎蔫。植物在水分亏缺严重时，细胞失去膨压，叶片和茎的幼嫩部分下垂，这种现象称为萎蔫（wilting）。萎蔫可分为暂时萎蔫（temporary wilting）和永久萎蔫（permanent wilting）。暂时萎蔫在蒸腾降低后即能消除，例如植物白天在阳光下因蒸腾强烈，水分供应不足，嫩茎和叶片暂时萎蔫，晚上蒸腾下降而吸水继续，水分亏缺即可消除，即便不浇水也能恢复原状。永久萎蔫是指土壤中已无可供植物利用的水，经过夜晚降低蒸腾仍不能消除水分亏缺以恢复原状的萎蔫（白宝璋等，1996）。两者根本差别在于前者只是叶肉细胞临时水分失调，而后者原生质发生了脱水。原生质脱水是旱害的核心，会带来一系列生理生化变化，如果持续时间过久，就会危及植物的生命（路文静，2011）。旱害主要是永久萎蔫对植物产生的伤害，主要表现为以下几个方面。

　　(1) 细胞膜结构遭到破坏。受到干旱胁迫时，由于脱水，植物的膜系统受到损伤，原生质膜的组成和结构发生明显变化。正常状态下的膜内脂类分子靠磷脂的极性头部同水分子相互连接，所以膜内必须有一定的束缚水，才能保持这种膜脂分子的双层排列（郑炳松等，2011）。缺水时，正常的膜双层结构被破坏，这使得大量无机离子、氨基酸和可溶性糖等小分子物质被动地向细胞外渗漏。例如，葡萄叶片干旱失水时的细胞相对透性比正常叶片的高 3～12 倍。此外，缺水时胞质溶胶和细胞器蛋白亦会丧失活性甚至完全变性。因此，缺水会引起代谢紊乱（邬燕，2019）。

　　(2) 光合作用受阻。水分亏缺发展到一定程度时，植物光合作用受阻。水分胁迫下光合速率下降的原因是多方面的，主要受气孔因素和非气孔因素的双重限制（张立军和刘新，2010）。①气孔因素：土壤水分不足或空气湿度降低导致气孔保卫细胞的水势下降，水分亏缺使气孔开度减小甚至完全关闭，气孔阻力增大，影响 CO_2 吸收，光合作用减弱；②非气孔因素：中度至重度水分胁迫下，气孔虽部分或全部关闭，但是叶组织内 CO_2 浓度反而升高，此时光合速率的下降就是由非气孔因素造成的（张立军和刘新，2010）。此外，叶绿素合成速度减慢、光合酶活性降低、水解作用加强以及糖类积累等都会限制光合作用（李合生，2006）。严重缺水时，叶绿体变形、基粒类囊体膨胀或减小、囊内空间增大、类囊体发生严重扭曲，导致叶绿体片层膜系统受损，使希尔反应减弱、光系统Ⅱ活力下降、电子传递和光合磷酸化受抑制、核酮糖-1，5-二磷酸羧化酶（RuBP羧化酶）和磷酸烯醇丙酮酸羧化酶（PEP羧化酶）活力下降、叶绿素含量减少等，最终导致叶绿体光合活性下降。

（3）呼吸作用的影响。干旱对呼吸作用的影响比较复杂，与植物种类、年龄和器官有关（张立军和刘新，2010）。一般情况下，随着水势的下降呼吸速率缓慢下降。有时，水分亏缺会使呼吸速率短时间上升，而后下降，这是由于干旱使水解酶活性增强、合成酶活性下降，细胞内暂时积累了较多的可溶性呼吸底物，促进了呼吸作用。但干旱也使得氧化磷酸化解偶联，P/O比值下降（郑炳松等，2011），有机物被消耗过多，最终导致呼吸作用下降。

（4）蛋白质、核酸代谢受到破坏。干旱条件下，植物体内的蛋白质分解速度加快、合成减少，这与蛋白质合成酶的钝化和ATP的减少有关（张立军和刘新，2010）。例如，水分亏缺3 h后，ATP含量减少40%，这导致了蛋白质的分解，加速了叶片衰老和死亡（张治安等，2009）。与蛋白质分解相联系的是，干旱时植物体内游离氨基酸，特别是脯氨酸，含量增高。因此，脯氨酸含量常用作抗旱的生理指标，也可用于鉴定植物遭受干旱的程度。水分亏缺时，RNA和RNA/DNA比值都显著降低，主要原因是干旱促使RNA酶活性增强，RNA的分解加剧，而DNA和RNA的合成代谢则减弱（潘瑞炽，2001）。

（5）渗透调节。缓慢来临的干旱会使一些植物细胞中溶质含量提高，从而使渗透势明显下降，这种现象被称为渗透调节（白宝璋等，1996）。耐旱性强的植物体内积累了大量参与渗透调节的小分子物质。渗透调节会引起植物水势的下降，这样可使植物有足够的水势差从低水势的土壤中吸收水分，保证细胞正常的生理功能（陈明涛等，2010）。植物水势降低后究竟能从土壤中额外吸收到多少水分，取决于土壤的性质（季杨等，2014）。例如，当植物水势下降一定数值时，在黏质土壤中获得的水分较在砂质土壤中获得的水分多（高鹏飞等，2022）。

（6）内源激素代谢失调。干旱可改变植物内源激素平衡，总趋势为促进生长的激素减少，而延缓或抑制生长的激素增多。干旱胁迫时，脱落酸（ABA）大量增加，乙烯合成加强；而细胞分裂素（cytokinin，CTK）合成受到抑制（张治安和陈展宇，2009）。ABA含量增加还与干旱时气孔关闭、蒸腾下降有关。CTK的作用恰好与ABA相反，它可使气孔在失水时不能迅速关闭。所以ABA可缓解植物水分亏缺，CTK则加剧植物水分亏缺。干旱时，CTK/ABA比值的改变是一种保护性生理反应，有利于植物保持较好的水分状况（苍晶和李唯，2019）。

（7）酶活力受影响。植物体内的各种酶类对水分逆境的反应不一，总的来说，水分逆境使参与合成反应的酶类和一些本身周转很快的酶类活性下降，而使水解酶类和某些氧化酶的活性增加。

总之，干旱对植物的伤害是多方面的（图2-3），大致可分为直接伤害和间接伤害。直接伤害指细胞脱水，破坏了细胞结构，引起细胞死亡；间接伤害指由于细胞失水引起的代谢失调、营养缺乏、加速衰老、降低产量等（曹仪植和宋占午，1998）。

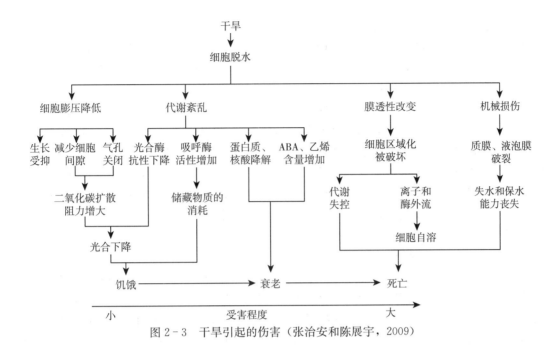

图 2-3　干旱引起的伤害（张治安和陈展宇，2009）

三、植物抗旱性的生理和发育机制

（一）植物的抗旱类型

植物对干旱的适应与抵抗能力称为抗旱性（drought resistance）（曹仪植和宋占午，1998）。根据植物对干旱的适应和抵抗能力、方式的不同，抗旱类型大致可分为 3 类。

（1）避旱型。在土壤和自身发生严重的水分亏缺之前，避旱型植物就已经完成生活史（曹仪植和宋占午，1998）。较典型的例子是沙漠中的短命植物，在其营养器官很小的情况下就具有开花结实的能力。实际上，这类植物在生活周期中并没有真正经历干旱胁迫。

（2）御旱型。指植物在干旱胁迫下能保持植株内部组织高水势或高含水量，维持一定程度的生长发育能力，实际上就是指植物在干旱胁迫下具有避免脱水的能力（曹仪植和宋占午，1998）。这类植物有一系列防止水分丧失的结构和代谢功能，或具有庞大的根系用以维持正常吸水。

（3）耐旱型。指植物受到干旱胁迫时能够在较低的细胞水势或含水量下生存，这类植物真正经历了干旱胁迫引起的水分亏缺（曹仪植和宋占午，1998）。耐旱型植物细胞体积小、束缚水比例高且渗透势低，可忍耐干旱逆境。植物的耐旱能力主要表现在对细胞渗透势的调节能力上（沈元月和黄丛林，2002）。在干旱时，细胞可通过增加可溶性物质来改变渗透势，从而避免脱水。

（二）植物抗旱性的生理机制

1. 形态和生理生化特征

（1）形态结构特征。抗旱性强的植物往往根系发达、根冠比大，能更有效地利用土壤水分；叶脉致密、维管束发达，利于水分运输和根系的吸水；叶细胞体积小，可减少失水时细胞收缩产生的机械损伤；单位面积气孔数目多，利于蒸腾的气孔调节，也有利于光合气体交换。有的作物品种在干旱时将叶片卷成筒状，以减少蒸腾损失（王晓雪等，2020）。不同植物通过不同形态特征适应干旱环境。

（2）生理生化特征。保持细胞高的亲水能力，防止细胞严重脱水，这是生理性抗旱的基础。抗旱性强的植物，细胞渗透势较低，吸水及保水能力强；原生质具有较高的亲水性、黏性和弹性，黏性增强可提高细胞保水能力，弹性增高可减小细胞失水时的机械损伤。在干旱条件下，水解酶类（如 RNA 酶、蛋白酶）保持稳定，生物大分子分解减少，保持原生质稳定，生命活动正常。另外，脯氨酸、甜菜碱和脱落酸等物质的积累也是抗旱植物的重要生理代谢变化，它们的积累既可作为渗透调节物质，又可保护膜系统（沈元月和黄丛林，2002）。

2. 植物抗旱性的分子机制

当植物遭遇干旱胁迫时，外部的胁迫信号通过一系列的信号转导，使植物体内胁迫诱导基因表达增强或受到抑制。干旱胁迫下的信号传递和相关基因的表达是目前抗旱研究的热点和重点。抗旱性相关的基因按功能可分为两类：直接参与功能基因和调控基因，前者包括编码直接参与胁迫作用的基因等，后者包括转录因子和蛋白激酶等。干旱胁迫发生时，转录因子与顺式作用元件结合，激活抗旱功能基因的表达（王洋，2022）。有研究表明，bZIP、AP2/ERE、MYB/MYC、NAC、WRKY 等转录因子家族在干旱胁迫基因的表达中起到重要的调控作用（Brautigam et al.，2011）。

植物可以抵抗叶片、维管系统和根等器官的脱水。ABA 通过蛋白激酶 SnRK2 激活多种基因，触发气孔关闭并改善水分平衡（图 2 - 4）。当根感觉到干旱时，CLE25 肽通过维管系统移动到叶片，它在那里局部控制 ABA 生物合成和气孔关闭。油菜素甾醇（brassinosteroid，BR）在植物干旱反应中也发挥作用。BR 途径通过下游通路组件 BIN2 激活 SnRK2，从而与 ABA 汇合。油菜素甾醇受体（BRI1、BRL1 和 BRL3）调节根系的亲水性，这条途径与 ABA 无关。维管束中 BRL3 的激活可以促进渗透保护剂在根组织中的积累，从而协调干旱胁迫下植物的生长和存活。此外，通过 EXO70A3 和 PIN4 的非经典生长素反应可以调节根系结构和深度，以促进植物对土壤水分的吸收，从而提高耐旱性（Aditi et al.，2020）。

四、提高植物抗旱性的途径

1. 抗旱锻炼

人为给予植物亚致死剂量的干旱条件，让植物经受一定时间的干旱，使之能适应以后干旱环境的过程，称为干旱锻炼（白宝璋等，1996）。目前采用的方法主要有萌动种子锻炼和苗期锻炼。

（1）萌动种子锻炼。种子吸水 1～2d 后风干，然后再吸水、再风干，反复数次后播种（白宝璋等，1996）。经过此类锻炼后的种子，在原生质弹性、黏度和保水性上均有提高。

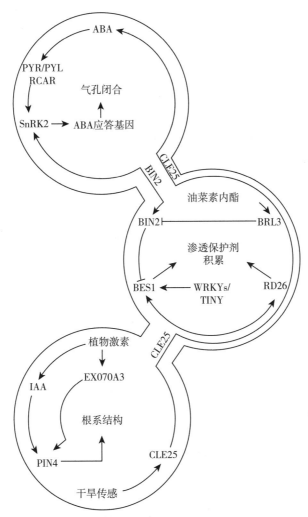

图 2-4　干旱胁迫下信号转导途径（引自 Aditi et al.，2020）

（2）苗期锻炼。主要有蹲苗、搁苗、饿苗等方法。对玉米、棉花、谷子等作物采用的蹲苗措施，就是通过在苗期适当控制水分，抑制地上部分生长，以锻炼适应干旱的能力。蔬菜秧苗移栽前适当萎蔫一段时间后再栽，即为搁苗。将甘薯藤苗于扦插前置阴凉处一段时间后再扦插，即为饿苗（May et al.，1962）。锻炼后的幼苗根系发达，干物质积累较多，叶片保水力及渗透调节力增强，在干旱时能维持较高合成水平（郑广华等，1957）。

2. 培育抗旱新品种

种子被誉为农业的"芯片"，是农业现代化的关键。近年来，随着全球范围内生物育种技术不断取得重大突破，正迎来以全基因组选择、基因编辑、合成生物学及人工智能等技术融合发展为标志的新一轮科技革命（刘国浩等，2023）。生物育种技术是确保中国人将饭碗牢牢端在自己手里的重要手段。目前中国已有企业将分子育种技术与常规育种方法结合，创制出了一种新的基因型设计育种方法（胡江博等，2023）。

近年来，随着各种针对根系形态结构相关表型（包括根长、根粗、根深等）评价方法的发展与改进，相应的遗传研究也越来越多。陆稻在长期适应旱作农业生境的过程中，产生或积累了许多抗旱基因的有利遗传变异。近年来，许多避旱性、耐旱性主效数量性状基因座（QTL）相继被定位。另外，在 $OsJAZ1$ 与 $Nal1$ 上同样鉴定出有利于抗旱的陆稻等位变异（罗志等，2023）。

随着对苜蓿研究的不断深入，苜蓿的抗性育种和品种改良已成为当下研究的重点。对苜蓿抗旱功能基因的研究主要集中在转录因子和基因表达调控方面。通过克隆抗旱相关基因，可阐明紫花苜蓿抗旱调控中的分子机制，并有望应用于分子改良中。目前，一部分转录因子已经被发现参与了苜蓿的干旱胁迫应答。尽管不同基因的抗旱分子机制可能有所不同，但它们都能通过渗透调节、离子调节和改变酶活性，从而提高转基因苜蓿的抗旱性（李倩等，2021）。

由于花生抗旱性是数量性状，目前还没有开发出可以用于分子标记辅助选择育种的标记，所以目前还无法开展分子标记辅助选择育种。诱变育种可以提高育种效率，且已经在花生的抗旱育种中得到应用。目前，杂交育种和诱变育种相结合进行花生抗旱品种选育是较为有效的方法之一（代小冬等，2021）。

3. 科学施肥

各种元素在植物生长发育中的作用不尽相同，所以科学施肥有助于提高植物抗旱性。合理施用磷肥、钾肥，适当控制氮肥，可提高作物的抗旱能力。P 能促进有机磷化合物的合成，提高原生质的水合能力，提高保水力；K 能促进糖代谢，增加细胞渗透浓度，保持气孔保卫细胞的紧张度，利于气孔开放和促进光合作用；Ca 能稳定生物膜的结构，提高植物抗旱能力（李唯，2011）。N 素过多或不足都对作物抗旱不利。枝叶徒长或生长瘦弱的作物，蒸腾失水增多，而根系吸水能力减弱，易受干旱危害。因此，适当多施用磷肥和钾肥，适当控制氮肥，可提高作物的抗旱能力。

尽管盐对大多数植物的生长都有害，但对盐生植物和多浆旱生植物来说，施加钠肥却能提高其抗旱性。研究表明，钠复合肥（NaCF）的施入使梭梭同化枝、白刺叶和红砂叶的 Na$^+$ 增加，K$^+$ 减少，Na$^+$/K$^+$ 比明显提高；在干旱胁迫下，钠复合肥显著增强了梭梭、白刺和红砂的渗透调节能力、光合能力和活性氧清除能力，进而提高了这些植物的抗旱性并促进其生长（岳利军等，2013）。因此，钠复合肥在荒漠地区的推广应用前景广阔。另有研究认为，Na$^+$ 是沙漠植物适应干旱环境的重要生理渗透调节物质，钠复合肥在干旱胁迫下通过积累大量 Na$^+$ 来提高盐藻的抗旱性。

也有研究表明，施硅肥能提高植物抗旱性。硅藻土基硅肥对植物的抗旱作用主要体现在通过提供高质量的有效硅，增加根系的数量和长度，增加足够的接触面积以吸收更多水分。同时，因为硅藻土空腔可以储存一定量的水或肥料，这使得植物在抗旱阶段可以有重要补给。硅藻土基硅肥中的硅素能通过减少膜的氧化损伤，来提高植物对水分胁迫的耐受力，从而提高根的透水系数；硅藻土基硅肥中的硅素，还能提高植物根系的分支率，增强植物对水分和营养素的摄入（张育新，2022）。研究表明，硅藻土基硅肥处理后的植物可以保持较高的气孔导度、蒸腾速率、叶片含水量以及根和植物整体的水力导度（Shi et al.，2016）。

此外，其他一些微量元素也有助于作物抗旱。例如，硼可以提高作物的保水能力、增加糖分含量，同时能促进有机物的运输；铜能显著改善蛋白质与糖的代谢，提高植物抗旱能力。

4. 施用生长调节物质与抗蒸腾剂

ABA 可促进气孔关闭，减少蒸腾失水，但因价格太高，目前在农业上实际应用较少。矮壮素（CCC）能增强细胞的保水能力，有明显提高作物抗旱性的作用（张立军等，2010），一般来说，在干旱来临之前喷施 CCC，有利于旱地作物抗旱能力的提高和产量的提升。低浓度的水杨酸能够促进高羊茅（*Festuca arundinacea*）种子的萌发。小麦（*Triticum aestivum*）在不同植物生长调节剂及不同质量浓度处理下，对渗透胁迫的耐受性存在显著差异：除了根数和根冠比指标以外，14-羟基芸苔素甾醇、冠菌素和萘乙酸对小麦各性状指标均具有促进效果，并且随着浓度的增高，呈现先上升后下降趋势。其中，14-羟基芸苔素甾醇质量浓度为 1.0 mg/L 时，小麦的综合评价值最高，其种子抗旱效果亦最为显著（梁晶，2023）。除此之外，合理使用氯化钙、硫酸锌等化学试剂或抗蒸腾剂也能提高植物的抗旱性。

第三节　盐害与植物的抗盐性

目前，受全球气候变化、人口不断增长的影响，土壤盐碱化日趋严重，严重影响全球农业生产与生态环境。全球至少有 20% 的灌溉土地受到盐胁迫的严重危害（Zhang et al.，2016）。盐分是影响植物生长和产量的一个重要环境因子，高盐导致植物体内离子紊乱，引起植物产量降低，死亡率升高。盐离子会阻碍植物的生长和发育，并降低农作物的产量；而且除自然产生的土壤盐分外，灌溉和气候变化也会导致次生盐碱地的增加；土壤中 Na^+ 的积累会导致水的利用效率降低，Na^+ 和 Cl^- 对植物具毒性作用（Munns，2005），这些因素表明研究植物的抗盐性具有十分重要的意义。

一、盐害概念和种类

（一）盐害概念

土壤中由于可溶性盐过多对植物造成的不利影响称为盐害，也称盐胁迫（salt stress）（白宝璋等，1996）。一般来说，土壤中盐类以碳酸钠（Na_2CO_3）和碳酸氢钠（$NaHCO_3$）为主时，此类土壤称为碱土（alkaline soil）；若以氯化钠（NaCl）和硫酸钠（Na_2SO_4）等为主时，则为盐土（saline soil），因为盐土和碱土常混合在一起，盐土中常有一定量的碱，故习惯上称为盐碱土（saline-alkaline soil）（王遵亲等，1993）。土壤钠质化（sodicity）和盐化（salinity）均会对植物造成伤害，钠质化是指 Na^+ 浓度高，盐化指的是盐分总浓度高。钠质化会增加盐化程度，但钠质化程度高的土壤，除了会对植物造成直接伤害，还会降低土壤的多孔性和对水的渗透性，导致土壤结构退化，严重阻碍植物生长发育，这是盐碱地限制作物生产的主要原因。如果能提高作物抗盐性，并改良盐碱土，将极大提高农业生产能力（齐琪等，2020）。

(二) 盐害种类

盐害大致分为原初盐害和次生盐害两大类（图2-5）。原初盐害指盐胁迫对植物细胞质膜的直接影响，会不同程度地使膜结构和功能受到伤害，可分为直接原初盐害和间接原初盐害（王遵亲等，1993）。质膜是植物阻止外界盐分进入细胞内部的第一道屏障。直接原初盐害是指盐胁迫对质膜的直接影响，使膜的结构和功能受到伤害，例如，膜的组分、透性和离子运输等发生变化；而间接原初盐害是指质膜受到伤害后，进一步影响细胞代谢，不同程度地破坏细胞生理功能。次生盐害指由于土壤盐分过多，使土壤水势下降，进而对植物产生渗透胁迫。此外，离子间的竞争也会引起某种营养元素的缺失，从而干扰植物的新陈代谢。

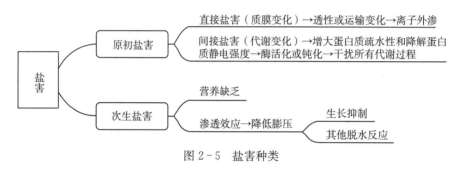

图2-5　盐害种类

二、盐胁迫对植物的伤害

盐胁迫是自然界中主要的非生物胁迫之一，主要通过渗透胁迫、离子胁迫及氧化胁迫等次级反应过程伤害植物。

(一) 渗透胁迫

土壤盐分含量过高，会导致土壤溶液渗透势降低，植物吸水困难，严重时会造成植物组织内水分外泄，对植物产生渗透胁迫，因此盐害通常造成生理干旱。一般情况下，在土壤含盐量达0.2%～0.25%时，植物会出现吸水困难；当含盐量高于0.4%时，植物细胞容易外渗脱水，植株生长矮小，叶色暗绿（王虹等，2016）。膜透性与膜脂过氧化产物丙二醛（MDA）含量有关。研究发现，在NaCl浓度达0.3%时，沙枣（*Elaeagnus angustifolia*）膜相对透性显著增加；当NaCl浓度达到0.5%以上时，沙枣膜相对透性增加，同时MDA也在增加，说明膜透性增加与膜脂过氧化有关（王柏青等，2008）。草莓（*Fragaria×ananassa*）的研究结果证实，膜脂过氧化作用增强导致叶片细胞膜透性增加（郑丽锦等，2010）。因此，盐胁迫下膜透性变化的主要原因是盐胁迫导致果树细胞膜过氧化作用增强。细胞膜透性增加是盐胁迫直接导致的后果。

(二) 离子失衡

盐胁迫下，植物细胞脱水，膜系统被破坏，位于膜上的酶功能紊乱，各种代谢无序进行，导致质膜透性改变。而且，高浓度 NaCl 将置换细胞膜结合的 Ca^{2+}，使膜结合 Na^+ 增加，Na^+/Ca^{2+} 比增加，破坏膜结构和功能，导致细胞内 K、P 和有机溶质外渗。

K 是对植物健康影响最大的元素，因为 K 几乎参与了植物生长发育中所有的生物物理和生物化学过程。K 供应充足通常可使植物在胁迫条件下具有较强的抵抗力。K 的作用包括：是酶的活化剂，可促进蛋白质的合成，可促进糖类的合成与运输，能调节水分代谢，能调节细胞电荷平衡等。

离子失衡会影响植物对 K^+ 的吸收，导致 Na^+、K^+ 竞争，引起 K^+ 外流。例如，生长在 25 mmol/L NaCl 溶液中的菜豆（*Phaseolus vulgaris*），其叶片中的 K^+ 强烈外流，如果在这种溶液中加入 2 mmol/L Ca^{2+}，则可以阻止这种 Na^+ 诱导的 K^+ 外流；如果用 200 mmol/L 甘露醇溶液处理，则对大麦根保持 K^+ 的能力没有影响（Liu，2014）。因此，这种 K^+ 外流不是渗透效应的结果，而是盐离子破坏质膜透性的结果。

抑制液泡膜焦磷酸酶活性和胞质中的 H^+ 跨液泡膜运输，会导致跨液泡膜运输的 pH 梯度下降，液泡碱化，不利于 Na^+ 在液泡内的积累（Deinlein et al.，2014）。

（三）氧化胁迫

土壤盐渍化除了使植物遭受渗透胁迫和离子胁迫外，还通过二者的相互作用产生次级反应氧化胁迫（oxidative stress）（白宝璋等，1996；Zhu，2001），致使植物体内活性氧产生与清除间的动态平衡被破坏。当活性氧的积累量超过了其伤害阈值时，就会在两个方面对植物产生氧化损伤（Li et al.，2008）：一方面加剧膜脂过氧化和造成脱脂作用，使植物细胞膜系统的完整性遭到破坏（Guo et al.，2012）；另一方面造成植物体内负责光合色素合成的特异性酶活性下降（Murkute et al.，2006），叶绿体基粒片层膨胀、松散乃至解体，光合系统中的超微结构遭到破坏（Zhang et al.，2009），植物光合作用受到影响（Munns and Tester.，2008）。

（四）对生长及植株形态的影响

盐胁迫会抑制植物组织和器官的生长和分化，造成植物发育迟缓。最初，盐胁迫造成植物叶面积扩展速率降低。随着含盐量的增加，叶面积停止增加，叶、茎和根的鲜重及干重降低。盐分主要通过减少单株植物的光合面积来减少植物碳同化量（刘佳等，2017）。

植物叶片中 Na^+ 过量积累常使叶尖和叶缘焦枯（Na 灼伤），而且会抑制对 Ca^{2+} 的吸收，造成植物的缺 Ca 现象——新叶抽出困难、早衰、结实少或不结实。除了 Na^+ 外，部分盐碱地还含有超量的 Ca^{2+} 和 Mg^{2+}，Ca^{2+} 过量可能导致缺乏硼（B）、铁（Fe）、锌（Zn）、锰（Mn）等养分；Mg^{2+} 过量则会使植物叶缘焦枯，导致缺 K，老叶叶尖、叶缘开始失绿黄化，直至焦枯。阴离子中，Cl^- 的过量积累也会引起氧灼伤，植株生长停滞、叶片黄化；SO_4^{2-} 浓度高会引起缺 Ca，使植物的叶片发黄，从叶柄处脱落。

三、植物抗盐的生理机制

根据植物抗盐的方式，植物抗盐的生理机制可分为避盐性和耐盐性。

（一）植物避盐的生理机制

植物回避盐胁迫的抗盐方式称为避盐（salt avoidance）。有些植物虽然生长在盐渍环境中，但细胞质内盐分含量并不高，可以通过某些生理机制避免体内盐分过多，其主要方式有拒盐、泌盐、稀盐（白宝璋等，1996）。

（1）拒盐（salt exclusion）。植物对 NaCl 的选择吸收性很小，可以不让盐分进入植物体内，或只允许盐离子进入根部并在其中积累，从而使地上部分免受盐害。大多数农作物属于拒盐能力弱的甜土植物，拒盐能力强的盐生植物主要分布在禾本科，如碱茅属（*Puccinellia*）和赖草属（*Leymus*）植物（刘佳欣等，2023）。

（2）泌盐（salt secretion）。也称排盐（salt excretion），指植物将吸收的盐分主动分泌到茎叶表面，而后被雨水冲刷脱落，防止体内积累过多盐分（白宝璋等，1996）。植物泌盐主要通过盐腺（salt gland）和盐囊泡（salt bladder），盐腺和盐囊泡在第三章有详细介绍。另外，有的植物可通过吐水将盐分排出体外（刘佳欣等，2023）。

（3）稀盐（salt dilution）。植物通过加快吸收水分或加快生长速率来稀释细胞内盐分的浓度（白宝璋等，1996）。例如，肉质化植物靠细胞内大量储水以冲淡盐的浓度；或者通过细胞的区域化/区隔化作用将盐分集中于液泡，使水势下降，保证吸水，从而降低细胞质盐浓度（刘佳欣等，2023）。稀盐的盐生植物有盐地碱蓬、平卧碱蓬、海滨碱蓬。

（二）植物耐盐的生理机制

植物通过对自身生理过程或代谢反应的改变来适应细胞内的高盐环境等称为耐盐（salt tolerance）（白宝璋等，1996），其主要方式有渗透调节、活性氧清除、代谢调节、维持营养元素平衡等。

1. 渗透调节

在盐胁迫下，植物细胞内会积累一些可溶性物质来降低渗透势，以保证逆境条件下水分的正常供应。高盐分的土壤中由于含有较高浓度的离子，土壤中的水势大大降低，植物对水分的吸收降低，因此，处在高盐分土壤中的植物最先受到的是盐分引起的水分胁迫，其次才是离子胁迫。但是，植物体内存在的渗透调节机制，可以通过无机离子和有机亲和物质的参与，降低细胞液的渗透势，从而使水分顺利进入植物体内，保证植物生理活动的进行。如小麦、黑麦等作物遇盐分过高时，可吸收离子积累在液泡中，使盐分在细胞内区域化分配，通过降低细胞水势以保证逆境条件下水分的正常供应，防止细胞脱水（王亮明，2015；宋晓芳，2013）。有些植物也可以通过合成和积累蔗糖、脯氨酸、甜菜碱等渗透调节物质来降低细胞质的渗透势和水势（刘佳欣等，2023）。同时，盐胁迫可以诱导许多植物基因的表达，根据这些基因产物的作用，可将这些基因分为两大类：一类是功能基因，包括编码渗透调节物质（如甜菜碱、甘露醇、海藻糖及脯氨酸等）合成酶的基因等（徐金龙等，2021）；另一类为编码调节蛋白的基因（王强，2022）。

2. 活性氧的清除

植物受到盐害时，会产生高浓度活性氧（ROS）来破坏蛋白质结构，使 DNA 链骨架断裂，引起膜脂过氧化，导致质膜受损伤等。但是，抗盐植物具有不同的抗氧化能力以及适应性的调控措施，能够使 ROS 处于严格受控状态。抗氧化酶系统和抗氧化剂是植物体内消除 ROS 的两种主要途径。植物受到盐胁迫时，抗氧化酶和抗氧化剂活性水平加强，协同抵抗盐胁迫诱导的氧化伤害，从而保护膜及其细胞结构（李绿昊，2022）。在对盐生植物盐角草（*Salicornia europaea*）的研究中发现，耐盐的主要过程是膜脂过氧化作用的减轻和 SOD 保护作用的增强（刘佳欣等，2023）。

ROS 不单单是毒性代谢的产物，作为信号分子，它还参与细胞对逆境的适应，进而提高植物的耐性。研究指出，作为信号分子的 ROS 在受到植物细胞保护酶等系统严格控制下，可以"有目的"地介导细胞适应改变了的环境，并引发交叉抗性（cross-tolerance），提高抵抗力和适应能力，维持有机体的生存。研究揭示，作为信号分子行使功能的 ROS 主要是能够穿过质膜水通道进行跨膜扩散的 H_2O_2。研究表明，H_2O_2 诱导转基因烟草防御蛋白基因的表达，外源 H_2O_2 提高了玉米胚芽鞘的抗冷性和烟草细胞质 Ca^{2+} 的含量（李忠光和龚明，2010）。另外 Ca^{2+}、Mg^{2+}、NO 以及 ROS 等均可作为信号转导途径中的第二信使参与 ABA 信号转导。

3. 代谢调节

盐胁迫对植物的直接效应是水分亏缺和离子胁迫。某些盐生植物和甜土植物具有一定的代谢调节能力，可以适应这些胁迫，如在低盐度下的獐毛（*Aeluropus sinensis*）通过 C3 途径进行光合作用，而在较高盐度下，就以 C4 途径进行光合。

此外，某些植物在盐渍环境中仍然能保持酶活性，维持正常代谢。比如，大麦幼苗能在盐渍环境中保持丙酮酸激酶活性，但不耐盐的植物缺乏这种特性（黄璐，2019）；有些植物受盐渍环境诱导形成二胺氧化酶以分解有毒的二胺化合物（如腐胺），以消除其毒害作用（刘佳欣等，2023）。

4. 维持营养元素平衡

有些植物在盐渍环境中能增加对 K^+ 的吸收，有些蓝绿藻能随 Na^+ 供应的增加而加大对 N 素的吸收，所以它们在盐胁迫下能较好地保持体内营养元素的平衡，防止因某种离子过多而造成伤害。土壤中盐浓度较高时，高盐促进植物对 Na^+ 的吸收，阻止植物对 K^+ 和 Ca^{2+} 的吸收和运输，从而降低了植物体内的 K^+/Na^+ 比和 Ca^{2+}/Na^+ 比，破坏了细胞质内的离子平衡和多种代谢途径。植物接种丛枝菌根真菌（arbuscular mycorrhizal fungi，AMF）后，体内 K^+ 和 Ca^{2+} 比例的增加可以降低 Na^+ 和 Cl^- 的相对含量，并保持较高的 K^+/Na^+ 比和 Ca^{2+}/Na^+ 比（Ashraf et al.，2004；Evelin et al.，2012）。

四、提高植物抗盐性的途径

植物的耐盐性是一个极其复杂的问题，通过育种手段培育抗盐新品种是提高植物抗盐能力的有效手段。此外，植物的抗盐性还可以通过抗盐锻炼、使用生长调节剂和改造盐碱土等措施来提高（宿梅飞等，2019）。

（一）抗盐育种

抗盐品种的培育是提高作物抗盐性的根本途径。可利用杂交育种和分子育种方法选育抗盐品种，利用离体组织和细胞培养技术筛选鉴定耐盐种质（王雷等，2021）。有研究发现，小麦中 U - box 类的 E3 连接酶 TaPUB1，通过正调控细胞内的 Na^+/K^+ 离子稳态平衡和抗氧化能力，影响小麦的耐盐性（Wang et al.，2020）。表观遗传调控因子不仅可作为水稻耐盐育种的选择资源，也可运用到小麦育种中。近期研究发现，小麦的组蛋白乙酰转移酶 TaHAG1 可通过介导活性氧的稳态平衡，提高六倍体小麦的耐盐性（Zheng et al.，2021）。国内研究人员通过全基因组关联分析（GWAS）鉴定到一个与玉米地上 Na^+ 含量相关的主效位点，即与水稻 *OsHAK4*、小麦 *TaHAK4 - A*、*TaHAK4 - D* 同源的 *ZmHAK4*，同样可控制 Na^+、K^+ 稳态平衡，影响玉米耐盐性（Zhang et al.，2019）。利用 GWAS 还鉴定到与玉米早期耐盐性相关的主要遗传位点 *ZmCLCg* 和 *ZmPMP3*，并进一步验证了其功能，为耐盐玉米品种开发提供新的靶标（Luo et al.，2021）。我国科学家以耐盐碱作物高粱为材料，通过 GWAS 筛选到国际上首个主效控碱基因 *AT1*，并通过大量遗传学实验发现该基因负调控高粱耐碱性的分子机制。通过基因编辑操纵该基因获得的转基因高粱、水稻、小麦、玉米和谷子等作物品种在盐碱地上的产量大幅提高（Zhang et al.，2023）。

（二）抗盐锻炼

植物抗盐性常因生育时期不同而异，并且植物对盐分的抵抗有一个适应锻炼的过程。抗盐锻炼是指将种子按照盐分梯度进行一段时间的处理，提高其抗盐性或者将种子放在一定浓度的盐溶液中吸水膨胀，然后再播种萌发，抗盐锻炼可提高作物生育期间的抗盐能力。例如，棉花种子播种前可分别按顺序浸在 0.3%、0.6%、1.2% 的 NaCl 溶液中，每种浓度浸泡 12 h，每千克种子用 20 mL NaCl 溶液，效果良好（吴文超等，2016）；棉花和玉米种子用 3% NaCl 溶液预浸 1 h，可增强其抗盐能力（张红和董树亭，2011）。

（三）使用生长调节剂

利用生长调节剂可促进作物生长，稀释细胞内盐分，利于植物抗盐性的提高。如喷施吲哚乙酸（IAA）或用 IAA 浸种，可促进作物生长和吸水，提高其抗盐性（宿梅飞等，2019）。脱落酸（ABA）能诱导气孔关闭，减少蒸腾作用和盐的被动吸收，从而提高作物的抗盐能力。外源水杨酸（SA）可促进碳酸钙胁迫下玉米种子的萌发，使胚胎内过氧化物酶（POD）、超氧化物歧化酶（SOD）活性提高，从而增强玉米的耐盐性（张昆，2014）；外源 SA 对苜蓿在盐胁迫下的抗性具有一定的诱导作用，缓解了盐胁迫对苜蓿的伤害（周万海等，2012）。在盐胁迫下黄瓜的研究也证实了这一结果，一定浓度的赤霉素可促进黄瓜的萌发和幼苗的生长，刺激黄瓜耐盐性的提高（李翙华等，2014）；赤霉素可减轻水稻受到的盐害，增加幼苗高度、地上地下干重、胚根长。经过壳聚糖处理后，大豆幼苗的叶绿素含量、SOD 活性、株高和干重均有所提高，丙二醛（MDA）的含量减少，这说明壳聚糖对大豆的盐害有缓解作用（徐卫红等，2010）。

（四）改造盐碱土

合理灌溉、泡田洗盐、增施有机肥、盐土种稻、种植耐盐绿肥（田菁）、种植耐盐树种［白榆（*Ulmus pumila*）、沙枣（*Elaeagnus angustifolia*）、紫穗槐（*Amorpha fruticosa*）等］及耐盐作物［向日葵（*Helianthus annuus*）、甜菜（*Beta vulgaris*）等］都是从农业生产角度上抵抗盐害的重要措施。运用水利工程措施，通过灌溉水调整地下水，可以减少土壤含盐量，进而实现改良盐碱地的目的（张俊伟，2011）。目前，水利工程措施主要包括灌水洗盐、明沟排水、暗管排盐、膜下滴灌等。改良盐碱地的农业措施主要有耕作改良、地膜和秸秆覆盖改良等。地势高低对盐碱的产生有着重要影响，地势较高的地方积聚的盐分往往较多，不同的高度差会使盐分的分布表现出显著差异，土地不平整导致脱盐不均匀（王金才等，2011；胡一等，2015）。化学改良是指将化学变化应用于土壤，以降低土壤盐分并改善土壤理化性质的方法。使用化学改良剂能够改善土壤团粒结构，提高土壤保持水分的能力，降低土壤的 pH 和盐度，改善物理和化学性质，促进植物对水和肥料的吸收以及植物的健康生长（潘峰等，2011）。目前，常见的化学改良剂有很多种，例如石膏、酸性物质、风化煤、泥炭和其他有机物质（马巍等，2011）。生物改良措施主要是指利用施有机粪肥、作物轮作、种植耐盐作物以及植物修复等方式对盐碱地进行改良，以达到治理盐碱地的目的。针对现有的盐碱地治理措施比较单一，以及这些措施存在水资源消耗量大、建设维护成本高、易造成二次污染等问题，未来在水资源红线的约束下以及耕地质量提升和后备资源开发利用条件下，大力发展节水灌溉技术需要暗管技术、农业耕作栽培技术、低成本高效生物化学改良产品和耐盐作物的有机结合，从而实现节水抑盐、灌排协同、产能提升的盐碱地综合调控技术和模式。

有研究表明，施用有机肥和秸秆可以有效降低土壤容重，增强土壤渗透能力，加速土壤脱盐（张晓东等，2019）。有机肥和秸秆分解后能有效提高土壤有机质含量和腐殖酸含量，腐殖酸在土壤中带负电荷，能与 Cl^- 发生交换，以此减轻 Cl^- 危害。磷石膏在土壤中溶解后产生大量 Ca^{2+}，置换土壤胶体中的 Na^+，以此减轻 Na^+ 危害（张乐等，2017）。

第四节　盐旱互作的危害

盐分和水分胁迫都会对植物生长造成一定的影响，严重时均会导致细胞因失水而死亡，使生长以及光合作用等指标发生变化（张秋芳，2002；张素军，2003；吕延良等，2010）。盐渍土主要分布于干旱、半干旱地区，植物的生长同时受到干旱和盐的胁迫，干旱和土壤盐渍化是制约农业发展的主要因素。尤其在盐渍区域，由于蒸发量大、降水量少，土壤积盐。植物在盐渍区不仅面对盐胁迫，也受到干旱胁迫，两种胁迫因子严重限制了植物的生长，限制了全世界农业的发展（王宇鹏，2016）。据统计，全世界的耕地中，有近 20% 正面临着盐渍化程度升高的威胁，主要分布在干旱和半干旱区域，大约占 43%。日益严峻的干旱局面，不仅使作物的产量日益减少，而且还影响植物的遗传力，导致遗传能力下降，产量也不断下降（Munns and Lauchlia.，2006；Hussain et al.，2016）。盐渍化和干旱的共同作用严重抑制植物的生长，导致作物产量减少，主要原因是会破坏离子平衡、影响水分状况、扰乱矿质营养及代谢、降低气孔导度、降低光合效率、破坏碳平衡等。现今，如何提高作物耐旱以及抗盐的能力，是科学家亟须解决的一大难题（Campitelli et al.，2016）。不同植物耐受盐旱胁迫的能力是有差异的，例如，内陆盐碱地生境的盐地碱蓬（*Suaeda salsa*）幼苗与潮间带生境的盐地碱蓬幼苗相比，具有更强的耐受盐与干旱交互作用的能力（刘金萍，2010）。而同种植物耐受不同胁迫的能力也是不同的，盐胁迫对柽柳（*Tamarix chinensis*）生长的影响大于干旱胁迫；盐胁迫下柽柳株高以及干物质量均降低。但是，盐旱胁迫下柽柳表现出一定的交叉适应性。适度的干旱胁迫能增强柽柳的耐盐能力，适度的盐胁迫可以降低轻中度干旱条件下柽柳幼苗中丙二醛（MDA）含量（朱金方等，2012）。

一、盐旱互作对植物幼苗生长及外部特征的影响

盐旱交互作用下，不论是植物地上部还是根系，其生物量的积累都受到了不同程度的抑制，并且随着干旱程度的加剧，抑制更加强烈，植株根冠比随着干旱程度的增加而增加。不同盐浓度处理下，尤其是高盐浓度下，两种生境盐地碱蓬萎蔫幼苗的百分比均随着干旱次数增加而增加；多次复水后，盐碱地生境盐地碱蓬地上部鲜重和干重随着盐浓度升高有增加的趋势，潮间带生境盐地碱蓬鲜重随着盐浓度升高而降低（刘金萍等，2010）。沙枣（*Elaeagnus angustifolia* L.）幼苗的生物量随着土壤干旱程度的增加而降低，轻度干旱促进其根部的生长，重度干旱下其生长受到强烈抑制，重度干旱与盐的交叉互作相比单因素胁迫对沙枣幼苗生长的抑制更加严重（王宇鹏，2016）。

二、盐旱互作对植株幼苗无机离子、有机物溶质及次生代谢产物的影响

Na$^+$与Cl$^-$有着相同的变化趋势，即在植株幼苗只遭受干旱胁迫时，地上部和根系中Na$^+$和Cl$^-$的含量无显著变化。但当盐胁迫介入时，Na$^+$和Cl$^-$的含量随着土壤含水量的降低而显著增加。地上部K$^+$含量在只遭受干旱胁迫时有小幅度的增加，根系K$^+$含量无显著变化，而盐旱交叉互作时K$^+$随着土壤含水量的减少而减少。

单独干旱环境下，沙枣地上部和地下部的Na$^+$/K$^+$比保持较低的水平；盐旱交叉互作环境下，沙枣地上部和地下部的Na$^+$/K$^+$比增加明显（王宇鹏，2016）。多次干旱复水后，两种生境盐地碱蓬地上部Na$^+$含量和Cl$^-$含量均随着NaCl浓度的升高而显著增加，而K$^+$含量均随着NaCl浓度的升高而显著降低。在盐渍环境中，盐生植物可以从外界吸收大量Na$^+$和Cl$^-$来降低渗透势，有利于植物从土壤中吸收水分（Boussiba et al.，1975；Sabehat et al.，1996）。在经历不同逆境后，为适应胁迫环境，植株幼苗叶片中的脯氨酸与可溶性糖均随着土壤含水量的降低而增加；而且盐旱交叉互作条件下，脯氨酸及可溶性糖含量增加得更多。总酚含量和类黄酮含量与土壤水分含量呈负相关的关系，盐旱互作时两种物质含量增加得更多。

三、盐旱互作对植株光合指标及叶绿素含量的影响

研究植物的光合参数，便于我们更好地了解植物的生长状态，了解盐胁迫与干旱胁迫

对植物的具体影响。有研究表明，在光下，受水分胁迫的植物的叶绿体在碳同化过程中利用 CO_2 的能力受到限制（曹慧等，2004）。高浓度盐造成叶片失水和气孔关闭，严重阻碍外部 CO_2 进入叶肉细胞，从而抑制了光合速率（韩志平等，2015）。影响植物光合作用的主导因素是干旱造成的土壤渗透胁迫，而且盐胁迫与水分胁迫会共同影响植物的渗透平衡，致使叶片失水、气孔关闭、光合效率降低。当胁迫大大超越植物体所能承受的范围时，植物生长受到抑制，并且无任何交叉适应性表现。

叶绿素参与植物的光合作用，其含量对植物光合作用有重要影响（王利军等，2010）。干旱会引起原叶绿素和叶绿素等重要物质无法合成。随着土壤含水量的下降，植株叶绿素合成受阻碍程度逐渐升高，叶绿素含量逐渐下降。

四、盐旱交叉互作对植株幼苗丙二醛含量及酶活性的影响

盐能够造成膜系统的损伤，引起膜渗漏，抑制植物的生长（周振玲等，2003）。丙二醛（MDA）是植物细胞膜脂过氧化物之一。许多植株在遭遇盐胁迫时，MDA 含量会逐渐增加。MDA 浓度与植物抗旱性密切相关，MDA 含量大量增加时，通常表明体内细胞受到较严重的破坏。

超氧化物歧化酶（SOD）是最主要的植物抗氧化酶，能够将超氧阴离子自由基歧化成 H_2O_2 和 O_2（覃鹏等，2004）。过氧化氢酶（CAT）是动物、植物、微生物体内广泛存在的一种抗氧化酶，通过反应将 H_2O_2 转化为 H_2O（魏梅红等，2007）。SOD 与 CAT 共同作用可以消除植物体内过多的自由基，从而保护植物不受氧化胁迫（覃鹏等，2005）。但当植株遭受双重胁迫时，体内积累的活性氧多于任何一种单独胁迫，盐旱交叉适应能力有限，在重度胁迫时没有交叉适应能力。

参考文献

白宝璋，田纪春，王清连，1996. 植物生理学［M］. 北京：中国农业科技出版社.

苍晶，李唯，2009. 植物生理学［M］. 长春：吉林大学出版社.

曹慧，许雪峰，韩振海，等，2004. 水分胁迫下抗旱性不同的两种苹果属植物光合特性的变化［J］. 园艺学报，31（3）：285-290.

曹仪植，宋占午，1998. 植物生理学［M］. 兰州：兰州大学出版社.

陈明涛，赵忠，权金娥，2010. 干旱对 4 种苗木根尖可溶性蛋白组分和含量的影响. 西北植物学报，30（6）：1157-1165.

代小冬，杜培，秦利，等，2021. 花生抗旱性研究进展［J］. 热带作物学报，42（6）：1788-1794.

高鹏飞，张静，范卫芳，等，2022. 干旱胁迫对光叉委陵菜根系特征、结构和生理特性的影响［J］. 草业学报，31（2）：203-212.

葛蓓蕾，张萍，雅蓉，等，2020. 低温胁迫后增温对"罗宾娜"百合生理特性的影响［J］. 西南农业学报，33（2）：284-289.

韩志平，张海霞，周凤，2015. 盐胁迫对植物的影响及植物对盐胁迫的适应性［J］. 山西大同大学学报（自然科学版），31（3）：59-62.

Na$^+$、K$^+$稳态平衡与植物耐盐抗旱性研究

何芳兰，2019. Na$^+$ 提高泌盐型旱生植物红砂干旱、高温及风沙流耐性的生理作用研究 ［D］. 兰州：兰州大学.

胡江博，任正鹏，丁翔，等，2023. 自身基因优化育种为植物分子育种提供新思路 ［J］. 中国种业（4）：130－132.

胡一，韩霁昌，张扬，2015. 盐碱地改良技术研究综述 ［J］. 陕西农业科学，61（2）：67－71.

黄璐，2019. 海大麦特异耐盐机制及大麦 HKT1；5 功能比较研究 ［D］. 杭州：浙江大学.

季杨，张新全，彭燕，等，2014. 干旱胁迫对鸭茅根、叶保护酶活性、渗透物质 含量及膜质过氧化作用的影响 ［J］. 草业学报，23（3）：144－151.

姜大膀，王娜，2021. IPCC AR6 报告解读：水循环变化 ［J］. 气候变化研究进展，17（6）：699－704.

李合生，2006. 现代植物生理学 ［M］. 2 版. 北京：高等教育出版社.

李亮，2017. 大豆耐盐机制的研究进展 ［J］. 农业与技术，37（15）：44－47，54.

李绿昊，2022. 星星草（*Puccinellia tenuiflora*）耐盐机制研究 ［D］. 哈尔滨：东北师范大学.

李倩，江文波，王玉祥，等，2021. 苜蓿抗旱性分子研究进展 ［J］. 生物技术通报，37（8）：243－252.

李唯，2011. 植物生理学 ［M］. 北京：高等教育出版社.

李燕，薛立，吴敏，2007. 树木抗旱机理研究进展 ［J］. 生态学杂志，26（11）：1857－1866.

李翙华，陈修斌，王燕慧，等，2014. 盐胁迫下赤霉素对黄瓜种子萌发及幼苗生长的影响 ［J］. 西北农业学报，23（9）：207－210.

李忠光，龚明，2010. 钙信使系统对机械刺激诱导的烟草悬浮培养细胞中 H_2O_2 爆发的调控 ［J］. 植物生理学通讯，46（2）：135－138.

梁晶，李进，张军高，等，2023. PEG 干旱胁迫下植物生长调节剂与小麦萌发期性状指标的相关性 ［J］. 农药，62（4）：288－294，298.

梁燕芳，丁雯，冯宇，等，2022. 园林观赏植物低温胁迫探究 ［J］. 现代园艺，45（1）：3－5.

刘国浩，刘超，黄岩，等，2023. 育种 3.0 时代中小种企适应策略 ［J］. 中国种业（4）：18－21.

刘佳，刘雅琴，李靖，等，2017. 碱胁迫对山桃叶片形态结构及光合特性的影响 ［J］. 西南农业学报，30（2）：327－332.

刘佳欣，张会龙，邹荣松，等，2023. 不同类型盐生植物适应盐胁迫的生理生长机制及 Na$^+$ 逆向转运研究进展 ［J］. 生物技术通报，39（1）：59－71.

刘金萍，高奔，李欣，等，2010. 盐旱互作对不同生境盐地碱蓬种子萌发和幼苗生长的影响 ［J］. 生态学报，30（20）：5485－5490.

路文静，2011. 植物生理学 ［M］. 北京：中国林业出版社.

罗志，周衡陵，李静，等，2022. 陆稻的起源与适应性进化研究进展 ［J］. 上海农业学报，38（4）：9－19.

吕廷良，孙明高，宋尚文，等，2010. 干旱及其交叉胁迫对紫荆幼苗净光合速率及其叶绿素含量的影响. ［J］ 山东农业大学学报（自然科学版），41（2）：191－195，204.

马巍，王鸿斌，赵兰坡，2011. 不同硫酸铝施用条件下对苏打盐碱地水稻吸肥规律的研究 ［J］. 中国农学通报，27（12）：31－35.

潘峰，刘滨辉，袁文涛，等，2011. 不同改良剂对紫花苜蓿生长和盐渍化土壤的影响 ［J］. 东北林业大学学报，39（5）：67－68，76.

潘瑞炽，2001. 植物生理学 ［M］. 4 版. 北京：高等教育出版社.

齐琪，马书荣，徐维东，2020. 盐胁迫对植物生长的影响及耐盐生理机制研究进展 ［J］. 分子植物育种，18（8）：2741－2746.

沈元月，黄丛林，张秀梅，等，2002. 植物抗旱的分子机制研究 ［J］. 中国生态农业学报，10（1）：

26

30-34.

师微柠，苏世平，李毅，等，2023.干旱生境下外源脯氨酸对红砂气孔形态的影响［J］.草地学报，31（3）：777-784.

施智宝，罗竹梅，任俊，等，2021.旱盐胁迫对文冠果苗期生理生化特性的影响［J］.陕西林业科技，49（4）：1-4.

宋晓芳，2013.干旱、盐胁迫下低温处理对多年生黑麦草种子萌发的影响［D］.咸阳：西北农林科技大学.

宿梅飞，魏小红，韩厅，等，2019.抗盐锻炼对盐胁迫下樱桃番茄幼苗成活率及生理特性的影响［J］.北方园艺，425（2）：8-14.

覃鹏，刘叶菊，刘飞虎，2004.干旱胁迫对烟草叶片丙二醛含量和细胞膜透性的影响［J］.亚热带植物科学，33（4）：8-10.

覃鹏，刘叶菊，刘飞虎，2005.干旱处理对烟草叶片 SOD 和 POD 活性的影响［J］.中国烟草科学，26（2）：28-30.

唐先兵，赵恢武，林忠平，2002.植物耐旱基因工程研究进展［J］.首都师范大学学报（自然科学版），23（3）：48-51.

田丹青，葛亚英，潘刚敏，等，2011.低温胁迫对3个红掌品种叶片形态和生理特性的影响［J］.园艺学报，38（6）：1173-1179.

王柏青，于福平，王耀辉，等，2008.盐碱胁迫对沙枣愈伤组织的影响［J］.北华大学学报（自然科学版）（5）：466-468.

王宝山，2004.植物生理学［M］.北京：科学出版社.

王虹，齐政，张富春，2016.不同浓度盐胁迫下盐穗木叶片结构的比较观察［J］.新疆农业科学，53（11）：2098-2105.

王金才，尹莉，2011.盐碱地改良技术措施［J］.现代农业科技（12）：282，284.

王雷，郭岩，杨淑华，2021.非生物胁迫与环境适应性育种的现状及对策［J］.中国科学：生命科学，51（10）：1424-1434.

王磊，汤家鑫，高兴国，等，2018.PEG 模拟干旱胁迫对光叶珙桐幼苗叶片细胞渗透调节物质的影响［J］.安徽农业科学，46（25）：90-91.

王利军，2010.不同种源沙枣对水分和盐分胁迫生长的响应［D］.北京：北京林业大学.

王亮明，2015.小麦—华山新麦草杂种后代细胞遗传学研究及其早熟、高光合与耐盐相关基因染色体定位［D］.咸阳：西北农林科技大学.

王强，2022.基于组学联合揭示番茄幼苗响应盐胁迫的分子机制［D］.乌鲁木齐：新疆农业大学.

王晓雪，李越，张斌，等，2020.干旱胁迫及复水对燕麦根系生长及生理特性的影响［J］.草地学报，28（6）：1588-1596.

王旭明，麦绮君，周鸿凯，等，2019.盐胁迫对4个水稻种质抗逆性生理的影响［J］.热带亚热带植物学报，27（2）：149-156.

王洋，2022.藜麦抗旱种质资源鉴选及抗旱生理和分子机制研究［D］.呼和浩特：内蒙古农业大学.

王宇鹏，2016.盐旱互作对大果沙枣生理特性的影响［D］.济南：山东师范大学.

王遵亲，祝寿泉，俞仁培，等，1993.中国盐渍土［M］.北京：科学出版社.

魏梅红，郑晶晶，饶瑶，等，2007.甲醛对芦荟 POD 酶活性的影响［J］.福建师范大学学报（自然科学版），23（4）：133-136.

邬燕，2019.模拟干旱胁迫下葡萄的抗旱生理生化机理研究［D］.呼和浩特：内蒙古农业大学.

吴文超，曲延英，高文伟，等，2016.不同棉花品种对盐、旱胁迫的光合响应及抗逆性评价［J］.新疆农业科学，53（9）：1569-1579.

徐金龙，张文静，向凤宁，2021. 植物盐胁迫诱导启动子及其顺式作用元件研究进展［J］. 植物生理学报，57（4）：759-766.

徐涛，张柯岩，顾翠花，2022. 盐胁迫对黄薇若干生理生化指标的影响［J］. 分子植物育种，6（1）：1-10.

徐卫红，徐芬芬，俞晓风，2010. 壳聚糖对盐胁迫下大豆幼苗抗盐性的影响［J］. 湖北农业科学，49（8）：1859-1861.

许英，陈建华，朱爱国，等，2015. 低温胁迫下植物响应机理的研究进展［J］. 中国麻业科学，37（1）：40-49.

杨凯，2015. 绿洲农田水生产力调控机理研究述评［J］. 北京农业（15）：240-241.

岳利军，马清，周向睿，等，2013. 钠复合肥促进荒漠植物梭梭、白刺和红砂生长并增强其抗旱性［J］. 兰州大学学报（自然科学版），49（5）：666-674.

张凤华，赖先齐，潘旭东，2004. 沙漠增温效应特征及绿洲农业热量资源分异规律的研究［J］. 中国沙漠，24（6）：751-754.

张红，董树亭，2011. 玉米对盐胁迫的生理响应及抗盐策略研究进展［J］. 玉米科学，19（1）：64-69.

张俊伟 2011. 盐碱地的改良利用及发展方向［J］. 农业科技与信息（4）：63-64.

张昆，2014. 植物生长调节剂诱导植物抗逆性研究进展［J］. 农业科技与装备，（11）：1-2、5.

张乐，徐平平，李素艳，等，2017. 有机、无机复合改良剂对滨海盐碱地的改良效应研究［J］. 中国水土保持科学，15（2）：92-99.

张立军，刘新，2010. 植物生理学［M］. 北京：科学出版社.

张美月，陶秀娟，樊建民，等，2009. 磷和丛枝菌根真菌对盐胁迫草莓光合作用的影响［J］. 河北农业大学学报，32（4）：71-75.

张秋芳，2002. 盐胁迫对盐生植物叶片及SOD光合特性的效应［D］. 济南：山东师范大学.

张素军，2003. 光和NaCl处理对碱蓬叶片中抗坏血酸过氧化物酶（APX）活性的影响［D］. 济南：山东师范大学.

张晓东，李兵，刘广明，等，2019. 复合改良物料对滨海盐土的改土降盐效果与综合评价［J］. 中国生态农业学报（中英文），27（11）：1744-1754.

张育新，丁杰航，鄢文磊，等，2022. 硅藻土基硅肥的研究进展［J］. 矿产保护与利用，42（4）：85-93.

张治安，陈展宇，2009. 植物生理学［M］. 长春：吉林大学出版社.

赵可夫，王韶唐，1990. 作物抗性生理［M］. 北京：农业出版社.

郑炳松，2011. 高级植物生理学［M］. 浙江：浙江大学出版社.

郑广华，叶乃器，洪继仁，1957. 干旱锻炼对小麦生理影响的初步研究［J］. 植物生理学通讯（6）：18-26.

郑丽锦，高志华，贾彦丽，等，2010. NaCl胁迫对草莓细胞膜稳定性的影响［J］. 河北农业科学，14（6）：7-9，17.

周万海，师尚礼，寇江涛，2012. 外源水杨酸对苜蓿幼苗盐胁迫的缓解效应［J］. 草业学报，21（3）：171-176.

周振玲，林兵，周群，等，2023. 耐盐性不同水稻品种对盐胁迫的响应及其生理机制［J］. 中国水稻科学，37（2）：153-165.

朱金方，夏江宝，陆兆华，等，2012. 盐旱交叉胁迫对柽柳幼苗生长及生理生化特性的影响［J］. 西北植物学报，32（1）：124-130.

朱秀红，李职，蔡曜琦，等，2021. 白花泡桐幼苗对盐、干旱及其交叉胁迫的生理响应 [J] . 西部林业科学，50（3）：135-143.

ASHRAF M，2004. Some important physiological selection criteria for salt tolerance in plants [J] . Flora，199（5）：361-376.

BOUSSIBA S，RIKIN A，RICHMOND A E，1975. The role of abscisic Acid in cross-adaptation of tobacco plants [J] . Plant Physiology，56（2）：337-339.

BOYER J S，1982. Plant productivity and environment [J] . Science，218：443-448.

CAMPITELLI B E，DES MARAIS D L，JUENGER T E，2016. Ecological interactions and the fitness effect of water-use efficiency：Competition and drought alter the impact of natural MPK12 alleles in *Arabidopsis* [J] . Ecology Letters，19（4）：424-434.

CHAVES M M，FLEXAS J，PINHEIRO C，2009. Photosynthesis under drought and salt stress：regulation mechanisms from whole plant to cell [J] . Annals of Botany，103（4）：551-560.

DE OLLAS C，DODD I C，2016. Physiological impacts of ABA-JA interactions under water-limitation [J] . Plant Molecular Biology，91：641-650.

DEINLEIN U，STEPHAN A B，HORIE T，et al. ，2014. Plant salt-tolerance mechanisms [J] . Trends in Plant Science，19（6）：371-379.

ESCALONA J. M，FLEXAS J，MEDRANO H，1999. Stomatal and non-stomatal limitations of photosynthesis under water stress in field-grown grapevines [J] . Australian Journal of Plant Physiology，27：421-433.

EVELIN H，GIRI B，KAPOOR R，2012. Contribution of Glomus intraradices inoculation to nutrient acquisition and mitigation of ionicimbalance in NaCl-stressed *Trigonella foenum-graecum* [J]. Mycorrhiza，22（3）：203-217.

GAO J，LUO Q，SUN C，et al. ，2019. Low nitrogen priming enhances photosynthesis adaptation to water-deficit stress in winter wheat（*Triticum aestivum* L.）seedlings [J] . Frontiers in Plant Science，10：818.

GUO M，WANG N，FU C，2012. Progress of studies on salt tolerance mechanisms in plant root system under salt stress [J] . Biotechnology Bulletin（6）：7-12.

GUPTA A，RICO-MEDINA A，CANO-DELGADO A，2020. The physiology of plant responses to drought [J] . Science（New York，N. Y. ），368（6488）：266-269.

HAMZEH-KAHNOJI Z，EBRAHIMI A，SHARIFI-SIRCHI G R，et al. ，2022. Monitoring of morphological，biochemical and molecular responses of four contrasting barley genotypes under salinity stress [J] . Journal of the Saudi Society of Agricultural Sciences，21（3）：187-196.

HUSSAIN M I，LYRA D，FAROOQ M，et al. ，2016. Salt and drought stresses in safflower：a review [J] . Agronomy for Sustainable Development，36（1）：4.

JIANG D，WANG N，2021. Water cycle changes：interpretation of IPCC AR6 [J] . Climate Change Research 17（6）：699-704.

LIU W，YUAN X，ZHANG Y，et al. ，2014. Effects of salt stress and exogenous Ca^{2+} on Na^+ compartmentalization，ion pump activities of tonoplast and plasma membrane in *Nitraria tangutorum* Bobr. leaves [J] . Acta Physiologiae Plantarum，36（8）：2183-2193.

LUO M，ZHANG Y，LI J，et al. ，2021. Molecular dissection of maize seedling salt tolerance using a genome-wide association analysis method [J] . Plant Biotechnology Journal，19（10）：1937-1951.

MAY L H，MILTHORPE E J，MILTHORPE F L，1962. Presowing hardening of plants to drought [J].

Field Crop Abstracts，15（2）：93-98.

MUNNS R，JAMES R A，LÄUCHLI A，2006. Approaches to increasing the salt tolerance of wheat and other cereals. [J] . Journal of Experimental Botany，57（5）：1025-1043.

MUNNS R，2005. Genes and salt tolerance：bringing them together [J] . The New Phytologist，167（3）：645-663.

MUNNS R，TESTER M，2008. Mechanisms of salinity tolerance [J] . Annual Review of Plant Biology，59（1）：651-681.

MURKUTE A A，SHARMA S，SINGH S K，2006. Studies on salt stress tolerance of citrus rootstock genotypes with arbuscular mycorrhizal fungi [J] . Horticultural Science-UZPI（Czech Republic），33（2）：70-76.

POKU S A，CHUKWURAH P N，AUNG H H，et al.，2020. Over-expression of a melon Y3SK2-type LEA gene confers drought and salt tolerance in transgenic tobacco plants [J] . Plants（Basel），9（12）：1749.

RIEMANN M，DHAKAREY R，HAZMAN M，et al.，2015. Exploring jasmonates in the hormonal network of drought and salinity responses [J] . Frontiers in Plant Science，6：1077.

SABEHAT A，WEISS D，LURIE S，1996. The correlation between heat-shock protein accumulation and persistence and chilling tolerance in tomato fruit [J] . Plant Physiology，110（2）：531-537.

SHI Y，ZHANG Y，HAN W，et al.，2016. Silicon enhances water stress tolerance by improving root hydraulic conductance in *Solanum lycopersicum* L. [J] . Frontiers in Plant Science，236（7）：196.

TAO J J，CHEN H W，MA B，et al.，2015. The role of ethylene in plants under salinity stress [J]. Frontiers in Plant Science，6：1059.

WANG W，WANG W，WU Y，et al.，2020. The involvement of wheat U-box E3 ubiquitin ligase TaPUB1 in salt stress tolerance [J] . Journal of Integrative Plant Biology，62：631-651.

XIE Y，YANG L，HE Z，2019. Effects of AMF infection on photosynthetic characteristics of tomato under salt stress [J] . IOP Conference Series：Earth and Environmental Science，295（2）：012077.

YOU L，SONG Q，WU Y，et al.，2019. Accumulation of glycine betaine in transplastomic potato plants expressing choline oxidase confers improved drought tolerance [J] . Planta，249（6）：1963-1975.

ZHANG H，YU F，XIE P，et al.，2023. A G$_\gamma$ protein regulates alkaline sensitivity in crops [J]. Science，379（6638）：eade8416.

ZHANG M，LIANG X，WANG L，et al.，2019. A HAK family Na$^+$ transporter confers natural variation of salt tolerance in maize [J] . Nat Plants，5（12）：1297-1308.

ZHANG X，SHI Z，TIAN Y，et al.，2016. Salt stress increases content and size of glutenin macropolymers in wheat grain [J] . Food Chemistry，197：516-521.

ZHENG M，LIN J，LIU X，et al.，2021. Histone acetyltransferase TaHAG1 acts as a crucial regulator to strengthen salt tolerance of hexaploid wheat [J] . Plant Physiology，186（4）：1951-1969.

ZHU J K，2001. Plant salt tolerance [J] . Trends in Plant Science，6（2）：66-71.

ZHU J K，2002. Salt and drought stress signal transduction in plants [J] . Annual Review of Plant Biology，53：247-273.

···· 第三章 ····
旱生植物和盐生植物

长期生长在盐碱地和干旱、半干旱地区的高等植物，在进化过程中形成了独特的对盐碱和干旱的抗性。根据耐盐性的强弱，植物可分为甜土植物和盐生植物；根据抗旱性的强弱，一般分为旱生植物和中生植物。大多数谷类作物属于甜土植物和中生植物，这就导致在盐碱地和干旱、半干旱地区等边际土地进行农业生产时，产量会受到很大影响，严重时，作物甚至无法生长。在这些地区种植盐生植物和旱生植物，不但有利于恢复生态环境，还能改良土地以扩大耕地面积。对盐生植物和旱生植物的研究也有助于通过分子育种手段开展耐盐碱和抗旱作物种质的创制。

第一节　旱生植物

在我国西北干旱荒漠区，极少的降水和高强度的蒸发所导致的空气干燥和土壤干旱严重限制着雨养植被的生长与更新，进而影响着西北干旱荒漠区生态系统的稳定性和可持续性。近年来，研究人员对我国西北干旱区植物进行了广泛研究，主要集中在水分胁迫对旱生植物生长的影响及旱生植物抗旱机理（李磊等，2010）。水是左右植物生长的主要因素之一。在我国西北干旱地区，自然降水量少，植物生物量的提高由水分决定（张铜会等，1999）。Schow 在 1822 年首先提出了"旱生植物"这一名词，指在持续或间歇的干旱环境中，仍能保持植株水分平衡和健康发育的一类植物（王勋陵等，1989）。进行旱生植物的研究有助于抗旱新品种的培育，从而提升农业经济效益并推动农业快速发展，同时，有效提升植物的耐旱能力，延长植物的生存时间。这类植物还具有防风固沙、保持水土等作用，在修复草地、防止草地退化中起着至关重要的作用。

一、旱生植物的划分

（一）旱生植物的划分标准

我国是世界上最干旱的国家之一，干旱、半干旱土地面积占国土面积的 52.5%（孟林等，2008）。国内关于旱生植物的研究始于 20 世纪 60 年代，并在 70 年代末和 80 年代初出现了一次小高潮，主要着眼于中国西北地区荒漠植物在对照和控水条件下的光合、呼吸、蒸腾作用以及水分平衡性和植物形态解剖结构等的比较研究。

旱生植物的类型不尽相同，划分意见和标准也不统一。根据形态特征，通常可分为 4 个类型：肉质旱生植物、硬叶旱生植物、软叶旱生植物、小叶及无叶旱生植物。旱生植物也可根据生理特征和抗旱方式划分为两大类型：一是少浆旱生植物，以气孔小且数目众多，有各种减少蒸腾作用的特异结构、大量表皮毛和发达的输导组织为共同特征，细胞内原生质渗透压高，抗旱能力较强；二是多浆旱生植物，以气孔大且数目少、角质层厚和有发达的储水组织为共同特征，有特殊的水分代谢途径，光合碳同化途径一般为景天酸代谢途径（杜景周，2006）。旱生植物还可依据叶肉组成和细胞排列划分为正常型、双栅型、环栅型、全栅型、不规则型、折迭型和无叶肉型（王勋陵等，1999）。

（二）旱生植物的分布

目前，世界上有 1/3 以上的土地处于干旱、半干旱地区，其他地区在植物生长季节也常发生不同程度的干旱；这些干旱、半干旱地区主要分布在我国东北、华北、西北地区的 15 个省份（山仑等，2002）。旱生植物多分布于荒漠、干旱草原等地区，冻原极地、高寒地带、酸沼、盐碱地也有适应生理干旱的旱生植物分布。

常见的旱生植物有夹竹桃（*Nerium oleander*）、柽柳（*Tamarix chinensis* Lour）缩刺仙人掌（*Opuntia stricta*）、沙冬青（*Ammopiptanthus mongolicus*）、白沙蒿（*Artemisia sphaerocephala* Krasch）、霸王（*Zygophyllum xanthoxylum* Maxim）、柠条（*Caragana korshinskii* Kom）、白刺（*Nitraria tangutorum* Bobr.）、刺山柑（*Capparis spinosa*）等。夹竹桃属夹竹桃科，在国内主要分布在四川和浙江；柽柳属柽柳科，产于甘肃、河北、山东等地区，多栽培于黄河流域及沿海盐碱地；仙人掌属仙人掌科，多分布于浙江、福建等地；沙冬青是豆科植物，分布于内蒙古、宁夏、甘肃等地；白沙蒿为菊科，多分布于陕西等西北地区；霸王属于蒺藜科，主要分布在中国内蒙古、新疆、甘肃等干旱荒漠地区，其中以阿拉善分布最为广泛；柠条是豆科植物，主要分布于中国黄河流域北部的干旱地区；白刺属蒺藜科，分布于中国陕西北部、内蒙古西部、甘肃河西等地；刺山柑属山柑科，广泛分布于干旱、半干旱地区，我国仅在新疆、甘肃、西藏等地有分布（栗茂腾等，2008）。

二、旱生植物的分类

（一）肉质旱生植物

这类植物通过其内部发达的储水薄壁组织储存大量水分，形成肉质的茎或叶，以减少水分流失，从而达到抵御干旱环境的目的。如，龙舌兰（*Agave americana*）、芦荟属（*Aloe*）等植物表现为叶片肉质化；仙人掌类植物主要表现在茎上。这类植物都具有相对叶表面积小、角质层增厚、气孔凹陷等特征，而且还具有特殊的光合碳同化机制，夜间气孔开放，白昼有光时关闭，具有极强的保持水分能力。这类植物在绝对干旱条件下的生存时间非常长。

（二）硬叶旱生植物

生长在沙漠、砂质土、泥炭沼泽、高山、海滨等环境下的旱生植物，为了防止水分流失，减少蒸腾作用，需要具有特殊的形态结构，通常情况下，它们往往表现为减少叶面积；随着干旱程度的增加，减小叶片，同时增加叶片的厚度，呈革质、硬叶、肉质、叶不发育或无叶的形态（贺金生等，1992）。由此可见，硬叶植物是具有革质硬叶的植物，与肉质、无叶的形态相对应。这类植物忍受脱水的能力最强，但是总体适应干旱的能力并不强，通常只能生活在季节性干旱地区，如地中海气候区。代表性植物有欧洲赤松（*Pinus sylvestris*）、夹竹桃（*Nerium oleander*）、针茅（*Stipa capillata*）等。

（三）软叶旱生植物

软叶旱生植物虽然有程度不等的旱生结构，但其叶片较柔软，与中生植物的叶比较相似；在雨季土壤水分较多时，它的蒸腾作用甚至超过中生植物。在缺水季节，通过落叶来适应干旱环境，如旋花属（*Convolvulus*）的一些种类。

（四）小叶及无叶旱生植物

小叶及无叶旱生植物抗旱能力最强，荒漠地区分布较为普遍。小叶旱生植物叶片缩小，叶面积通常不超过 1cm^2。而无叶旱生植物叶片完全退化，以绿色茎进行光合作用。如沙拐枣（*Calligonum mongolicum*）、麻黄属（*Ephedra*）植物。

三、旱生植物的耐旱机制

（一）旱生植物耐旱的结构基础

干旱是最复杂且对人类生活影响最严重的自然灾害之一（Hagman，1984）。在旱生植物的进化过程中，其根、茎、叶等主要方面都具备了与持续干旱环境相适应的形态结构特征，并利用这种特点，在其个体发育中使自身适应干旱，健康生长和繁育。牧草生长最普遍的限制因子之一是水分胁迫（马全林等，2008），春季干旱（3—5 月）是影响植物生长和人工建植成败的重要因子之一（李富洲等，2007）。植物之所以能在干旱条件下生存下来，主要是因为它们对于不利的环境条件，已经形成了一定程度的适应性。由于对不同环境的适应方式不同，它们的结构和生理特性也不同。以下从根、茎、叶 3 个方面描述旱生植物适应干旱的结构基础。

1. 根

根是植物直接吸收水分的重要器官，对植物的抗旱性起着非常重要的作用。抗旱性强的植物往往根系发达，根冠比大，能更有效地利用土壤水分。多数干旱荒漠植物具有强大的根系，水平根（侧根）可向四面八方扩散生长，避免集中在一处消耗过多的沙层水分，如乔木状沙拐枣（*Calligonum mongolicum*）、沙蓬（*Agriophyllum squarrosum*）。有些植物根系形成坚固的沙套，可防止因风蚀而裸露的根系快速旱死，如沙鞭（*Psammochloa villosa*）。还有一些生长在流动沙丘上的植物，为了吸取沙层水分，根系沿坡背方向生长，如羽状三芒草（*Aristida pennata*）（中国科学院兰州沙漠研究所，1985）。旱生植物根中普遍具有发达的内皮层和加厚的凯氏带，在次生发育阶段，其周皮通常更加发达和厚实。除此以外，旱生植物的根通常具有更多、更长的根毛，这些根毛能够增加根部表面积，提高水分和养分的吸收效率，同时，根毛能够吸附土壤中的水分，并将其吸收到根部。

白刺（*Nitraria tangutorum* Bobr.）根茎发达，主根强健有力，当被沙土覆盖后，可以生长出大量不定根，从而形成新植株。刺山柑（*Capparis spinosa*）的根部生长着一些奇异的维管结构，这种奇异维管结构是某些沙漠植被中最常见的特征结构，可以很好地防止干燥、强光和高温对植物输导组织的破坏，使之发挥功能，从而大大提高了植被的抗旱性（栗茂腾等，2008）。

2. 茎

抗旱性强的植物茎内都具有发达的机械组织。表皮以内为皮层，根据植物类型的不同，皮层的宽窄呈现不同，内皮层具纤维层，导管间具厚壁细胞，栅栏层及维管束外部都具有厚壁细胞。通常茎表现为肉质化，胶体物质和结晶存在于细胞内，黏液物质可以增加细胞渗透势，从而提高细胞吸水能力。白刺（*Nitraria tangutorum*）和柽柳（*Tamarix chinensis*）具有极强的分蘖性及强韧的侧枝，可提高有效抵御风沙袭击和沙埋等的能力（贾晓红等，2011）。与中生植物和水生植物一样，刺山柑茎的维管结构也十分发达，许多由数个纤维细胞构成的纤维组织存在于维管的周围，成熟的纤维组织成环形地排列于茎的横切面上，并具有机械支撑功能，因此，导管不致因负压而受到损伤，输导组织受到有效保护，处于长期干旱环境下的刺山柑，不易受到过量失水的影响。另外，刺山柑茎皮质中存在着成熟的髓，而且细胞间距相当小。髓具有优异的蓄水能力，可以储存丰富的水分，因而能够保护植物度过非常干旱的时期。髓的结构越成熟，刺山柑耐旱、储水能力也越强（栗茂腾等，2008）。

3. 叶

抗旱性较强的植物叶片通常相对小而厚或较细，如蒺藜（*Tribulus terrestris*）叶片变小或者进化成棒状或刺状。叶片退化成膜质或鳞片状，由同化枝实现光合作用，这可以减少水分散失、提高水分利用效率（张继澎，2020）。

旱生植物的另一个特点是表皮具有较厚的角质层，角质层包含角质和蜡质，叶组织气孔部分关闭等，如沙冬青（*Ammopiptanthus mongolicus*）、苦马豆（*Swainsonia salsula*）、小叶锦鸡儿（*Caragana microphylla*），这些可以抑制蒸腾作用从而减少水分蒸发（刘家琼，1982）。柠条是锦鸡儿属（*Caragana*）植物，叶较小，大部分茎和叶为蜡质，厚而透亮，可以反射日光，减少叶对光能的吸收率，从而减少气孔蒸腾，因此，柠条在干旱胁迫和营养胁迫下都可以正常发育。沙枣（*Elaeagnus angustifolia*）叶或杆表面变白或灰白色，既可以抵御强烈的太阳光照射，又可降低水分蒸腾（Johnson，1975）。

此外，旱生植物的叶通常还具有以下结构特点：叶片肉质化，叶肉组织不分化；叶脉致密，维管束发达，便于水分运输和根系吸水；叶片的细胞体积小，且排列紧密，可减少由于失水时细胞收缩所产生的机械伤害；单位叶面积气孔数目多，气孔下陷，可降低蒸腾作用，有利于光合气体交换；有的作物品种在干旱时叶片卷成筒状，以减少蒸腾损失。

（王晓雪等，2020）。除此之外，叶相对含水量是反映植物抗旱性强弱的一项重要指标，含水量越高，说明抗旱性越强。

刺山柑表现出典型的旱生植物叶片结构特征：叶片表面积较小，且排列紧密；叶肉组织内栅栏组织特别发达，呈多层紧密排列，这一特征可以防止叶内水分过度蒸腾，且大大提高了光合效能；叶脉贯通于叶肉之间，叶内输导组织发达，与茎、根输导组织通过叶柄相连，成为一个完整的输导系统；机械结构较好，既方便了营养、水分的迅速运送，也增加了支持能力，确保不会因失水收缩而导致叶肉受损害，这是对干旱条件极为良好的适应结构（栗茂腾等，2008）。

（二）旱生植物耐旱的生理机制

生长于干旱、半干旱地区的植物常遭受一定程度的干旱胁迫，从而进化出多种适应机制来抵抗外界环境的干旱胁迫（戴建良等，1997）。植物的抗旱性由多种机理共同作用引起，在干旱胁迫下，植物会产生一系列生理生化反应，从而影响植物的生长发育，主要包括光合生理特性、酶活性、渗透调节物质、激素调节等。

（1）光合生理特性。旱生植物遭受干旱胁迫过程中，其光合活性都会出现不同程度的变化，植物光合能力越强，其抗旱性越强（Ma et al.，2012）。有研究结果表明，光合速率是抗旱性的一个代表性鉴定指标，光合速率高的植物抗旱性强（李磊等，2010）。还有研究表明，伴随着土壤干旱胁迫强度的增加，叶片净光合速率和叶绿素含量均呈下降趋势，然而，抗旱性较强的品种却拥有较高的叶绿素含量和净光合速率（任丽花等，2005）。

（2）酶活性。在长期进化过程中，植物形成了复杂的酶调控机制，从而适应干旱胁迫所产生的损伤。生物体内的保护性酶主要有超氧化物歧化酶（SOD）、过氧化物酶（POD）和过氧化氢酶（CAT）。SOD 能将 O_2^- 转化为 H_2O_2，CAT 和 POD 可将 H_2O_2 进一步清除，从而避免植物受到干旱胁迫的伤害。研究发现，沙拐枣的 SOD 活性高于沙枣，这与 O_2^- 含量有一定的关系（龚吉蕊等，2004）。

（3）渗透调节物质。广泛分布于干旱荒漠区的植物，在干旱、高温、风沙流、盐渍等多种逆境造成的水分胁迫下，通过主动积累各种有机和无机溶质来提高细胞液浓度，降低细胞渗透势，提高细胞吸水或保水能力，从而适应水分胁迫环境，这就是渗透调节。干旱胁迫程度不同，旱生植物参与渗透调节的物质种类也会有所变化。旱生植物渗透调节物质的累积量既受干旱胁迫强度又受胁迫时间的影响，其变化决定着渗透调节能力的强弱。

在遭受水分亏缺时，植物组织内积累的渗透调节物质有两种来源：一是从外界环境进入细胞内部的无机离子，如 K^+（Clarkson and Hanson，1980）、Na^+（Wu et al.，2015）、Ca^{2+}（Kang et al.，2017）等；二是在细胞内合成并积累的大量小分子有机溶质，如可溶性糖（Zhang et al.，2018）、脯氨酸（Zanella et al.，2016）、甜菜碱（Nio et al.，2018）等。

（4）激素调节。干旱胁迫条件下，旱生植物体内 ABA 含量明显增加，通过 ABA 诱导气孔关闭，减少蒸腾失水，使自身对逆境环境产生抗性（李锦馨，2007）。柳小妮（2002）研究显示，7 种早熟禾植物体内 ABA 含量越高，耐旱能力越强。

由于长期生存在干旱环境下，荒漠草原植物形成了一系列抵御干旱逆境的生理生态机制（杨鑫光等，2009）。探讨它们对干旱条件的应对对策和适应水平，可为恢复荒漠地植物生长提供依据。在荒漠生态系统中，水分是制约植被生长发育的重要自然环境因子（李吉跃，1991），植物的形态建成和生理生化过程都与水分有关，水分短缺制约了植被存留、生长发育和分布（张宪政等，1994）。因此，探讨干旱条件下沙漠植被与水分的相互作用，研究其抗旱机理，对沙漠植被的保护与利用以及沙漠区域植被的修复和重建具有重要价值。

（三）挖掘旱生植物耐旱基因的重要性

植物在自然界中的分布极其广泛，因此其生长环境非常复杂，需应对的逆境因子变化多端，面临的逆境胁迫程度亦随时空的变化而变化。在极端气候环境中，中国西部植被在漫长的进化选择过程中产生了较多的抗旱、耐寒、耐热、耐盐基因。迄今为止，众多研究已克隆出多种抗逆关键基因，并经过基因转化大大提高了一些植物的抗逆性。该举措对未来提升旱地农作物的产量，改善中国西部生态环境具有至关重要的指导作用。

从旱生植物中挖掘抗旱功能基因具有重要意义。一方面，旱生植物具有丰富的抗旱基因资源，进行研究的话，有助于抗旱新品种的创制。另一方面，旱生植物可以作为植物抗旱分子机制研究的模式植物，深入研究能有效提升在植物抗逆基因研究领域的认知，为研究工作提供更多理论支撑。

将多浆旱生植物霸王液泡膜 H$^+$-焦磷酸酶基因 *ZxVP1-1* 和液泡膜 Na$^+$-H$^+$ 反向转运体基因 *ZxNHX* 分别导入豆科牧草百脉根（*Lotus corniculatus*）和紫花苜蓿（*Medicago sativa*），两种牧草的抗旱性和耐盐性均得到提高，牧草产量和品质也得到提升（Bao et al.，2014；Kang et al.，2015；Bao et al.，2016）。

还有研究人员通过研究沙冬青的 *ERF* 基因，指出沙冬青的 *ERF* 基因是一个新基因（李晓东等，2010）。*ERF* 基因为乙烯应答元件的结合因子，是植物特有的一类转录因子。此基因能够提高植物对生物胁迫和非生物胁迫的抗性。目前，人们对该基因进行 PCR 技术分离和克隆，得到多种类型的 *ERF* 基因。针对这些基因的研究证明，该类基因可以极大地提高农作物的抗旱性。

DREB 是与植物抗逆性相关的一类转录因子，广泛存在于各种植物中，参与调控与抗逆性相关的各种功能基因的表达，在逆境胁迫应答反应过程中起着重要作用，即可以引起脯氨酸及蔗糖含量增高，从而增强植物对多种逆境的抗性（王少峡等，2004）。朱明（2011）从大豆中克隆获得 *GmDREB3* 基因，对其功能的研究表明，过表达 *GmDREB3* 基因能够显著提高植物的抗逆性。*DREB* 类转录因子就像植物抗逆调控途径的总开关，增强其中一个转录因子就可以促进多个功能基因的表达，从而提高植物对逆境环境的适应能力。

Mckersie 等（1996）将烟草的 *Mn-SOD* cDNA 转入苜蓿，干旱条件下转基因苜蓿的存活率显著提高，抗旱性明显增强。Zhang 等（2009）将从截形苜蓿中克隆的转录因子 *AP2* 的 cDNA（*WXP1*）转入紫花苜蓿，转基因苜蓿叶片表皮蜡层厚度增加，有效地减少了水分损失，植物抗旱性提高。Jiang 等（2005）采用 CER6 启动子在紫花苜蓿中超表达 *WXP1* 基因，结果同 Zhang 等（2009）的研究结果一致，转基因植株抗旱能力提高。

Suarez 等（2009）将酵母海藻糖-6-磷酸合成酶编码基因 *TPS1* 和海藻糖-6-磷酸磷酸酶编码基因 *TPS2* 融合，转入紫花苜蓿，发现转基因植株具有较好的抗旱和抗寒能力，这是首次将海藻糖代谢基因应用于紫花苜蓿基因工程中。

迄今为止，生物学家们已从众多植物中克隆获得了抗逆功能基因，然而很多转基因工作却收效甚微。植物的抗逆性是由多基因共同控制的，面对干旱、高盐、温度、激素等非生物胁迫的反应，往往是其体内多个因子共同作用的结果，例如，干旱条件下，植物通常会启动复杂的网络调控机制，改变基因表达水平，促进机体内生物化学和分子生物学过程之间的交互协作，以适应水分亏缺的胁迫环境。由此可见，此类研究工作不能仅限于关注单个响应基因。相比之下，转录调控因子通常能通过控制一系列与抗逆密切相关的特殊功能基因群的表现，来提高植物对非生物胁迫的抵御能力。

转录因子涉及植物生长、发育和胁迫信号的传递等多种过程（Hernandez-Garcia，2014）。根据转录因子的表达特点可将其分为两大类：一类是在任何情况下都会表达的基因，即组成型转录因子；另一类是只在逆境下表达的基因，即胁迫诱导型转录因子（邰付菊，2007）。植物应答干旱胁迫的过程中，基因转录调控是极为重要的（Nakashima and Yamaguchi-shinozaki，2005）。与抗旱性有关的转录因子能够激活或抑制一系列下游胁迫反应，进而引起信号转导过程的级联放大作用，使植物整株形成一定的抗性。基于此，众多学者提出可以在植物基因转化中大量使用转录因子，因为转录因子具有协同调节多种逆境反应基因或系统的重要作用，可通过形成一种相对系统的网络来调控植物自身代谢反应，有利于植物及时应对逆境胁迫，增强耐受性（Buscaill and Rivas，2014）。

四、旱生植物在农牧业生产中的应用

（一）旱生植物在畜牧业生产中的作用

对于干旱地区来说，通过合理的开发以及养护方式利用旱生植物资源，特别是牧草资源，可以有效地推进干旱地区种草养畜业的发展，从而提高干旱地区畜牧业的经济效益；同时，还能够进一步改善干旱地区的土壤问题，将种草养畜的利益最大化。众所周知，豆科牧草含有丰富的蛋白质、钙和多种维生素，广受家畜喜爱。禾本科牧草中的众多品种亦是优质的饲料来源，例如，扁穗冰草（*Agropyron cristatum*）作为催肥牧草，质地柔软，反刍家畜采食后易消化，消化吸收率高；披碱草（*Elymus dahuricus*）营养价值高、口感好，是各种家畜喜食的饲料，可放牧喂养、青草喂养或调制成干草等（张楠等，2012）。此外，一些小灌木类植物，除自身具有较强的抗逆性外，亦备受家畜青睐，例如，新疆蒿类半灌木蛋白质、脂肪含量高，有较强的耐牧性，是各类牲畜在寒冷季节牧草中的优良植物类群（冯缨等，2007）；旱生植物霸王多是沙漠地区骆驼的首选优良饲料（冯燕等，2011）。

（二）旱生植物在生态修复及环境污染治理中的作用

旱生植物在生态修复中发挥着不容小觑的作用。这类植物可以作为陆地碳吸附系统，从大气中清除 CO_2，为保护自然环境作出巨大贡献。旱生能源作物还被称为石油植物、柴油植物，作为生物燃料，具有安全环保、可再生性、生态多样性等特点，具有改善环境、维持系统多样性等功能。同时，该类植物还能够防风固沙、保持水土等，可广泛应用于修复草地、防止草地退化的环保工程中。

五、旱生植物的经济价值

（一）旱生植物的药用价值

旱生植物在漫长的进化选择过程中，除形成其独有的抗逆特性外，许多物种还被发现具有一定的药用价值，例如，刺山柑是一种抗旱能力很强的药用植物，将其花蕾及果实进行腌制，具有治疗坏血病的功效，除此之外，本身还有祛风、散寒及除湿的作用，对风湿性关节炎、腰腿痛、关节肿大、四肢发麻等疾病有特殊的疗效（栗茂腾等，2008）；霸王的根入药有行气散瘀的功效（吴彩霞等，2004）；麻黄（*Ephedra sinica*）是解毒、镇咳的良好药材（陈叶等，2002）；沙枣的果实可以祛痰；小果白刺的果实具有健脾胃、调经活血、滋补壮阳等功效（顾峰雪等，2002）。

（二）旱生植物的观赏价值

许多旱生植物有较高的观赏性，在特有的生境下形成了独特的形态美、色彩美，其花、叶、果实等均具有特殊的观赏价值，在美化环境方面具有特殊意义。旱生植物不仅为干旱地区提供了丰富的盆景资源，可以用于丰富盆景艺术园地，形成旱生植物盆景体系，还可为道路绿化、房屋绿化作贡献，提高生态环保功能，同时可用作切花、切叶的材料。

第二节　盐生植物

在自然进化过程中，生活在海洋中的植物保留了对高浓度 Na$^+$ 的耐受性，而大多数陆生植物却失去了这种能力（Zhang and shi，2013）。万年以前，为了更好的品质和更高的产量，人类开始有意识地改造和驯化农作物的"祖先"，最终一步一步将这些野生植物变成了可以为人类稳定生产食物的栽培作物，而且具备了更加优良的性状。然而，驯化导致大多数作物对盐非常敏感，它们的生长受到 NaCl 浓度的严重抑制，海水 NaCl 浓度的一半便足以使大多数作物死亡。

18 世纪以前，人们就注意到陆生植物中也存在一类耐盐植物——盐生植物。随着时间推移，人们对盐生植物的认识不断深入。由于淡水资源的缺乏、耕地的减少以及世界人口的增加，全球粮食安全问题日益严峻，这迫使人们不得不考虑在盐渍土壤上引种盐生植物，因而盐生植物资源成为各国植物生理学家关注的问题。盐生植物具有很强的耐盐能力，其中一部分能在适量盐浓度下正常生长，有些甚至可以从大多数作物的致死盐浓度中获益。研究人员通过对盐生植物的研究可以获得优秀的基因资源，进而通过转基因手段获得耐盐作物新品种。此外，一些盐生植物已经在田间试验中作为蔬菜、饲料和油料作物应用，而其他盐生植物也显示出作为作物开发的良好潜力。

一、盐生植物的划分

（一）盐生植物的划分标准

1809 年，Palls 提出盐生植物是一类能够在盐渍土地上生长的植物。《植物学词典》（*Dictionary of Botany*）将盐生植物定义为"适应在含高浓度盐的土壤中生长的植物"。划分一种植物为盐生植物，而不是甜土植物，这一点并不容易。在很长一段时间，学界对盐生植物的定义很难达成一致，主要是因为相比于甜土植物，盐生植物并没有明确或独特的适应盐生境的策略、结构或机制。比如，肉质化，这种旱生植物和盐生植物具有的特征，也可以发生在甜土植物对盐的响应中。同样，在非盐生植物中发现的泌盐结构——盐腺和盐囊泡，在至少一半的盐生植物中并不存在。盐生植物似乎是综合了众多的盐适应生理机制，而不是具有独特的结构和耐盐机制，从而表现出更强的耐盐性（Shabala and Mackay，2011）。

Flowers（1975）根据他们多年的研究和观察以及其他科学家研究的成果，认为盐生植物是一类能够在离子浓度 200 mmol/L 以上的生境中成长和完成生活史的植物。Greenway 和 Munns（1980）提出盐生植物是能在 3.3 mPa（相当于 70 mmol/L 的单价盐）以上的含盐土壤中正常生长并完成生活史的植物，这一标准在很长一段时间内被广泛接受。然而，随着全世界越来越多的盐生植物被鉴定，人们发现这一标准也有不足之处，很多非盐生植物都能在这一生境正常生长并完成生活史，如甜菜（*Beta vulgaris*）、芦苇（*Phragmites australis*）。1986 年，Flowers 等再次强调盐生植物生长和完成其生活史的离子浓度至少为 200 mmol/L。目前学术界对盐生植物的划分和研究主要采用这一标准（Flowers and Colmer，2008；van Zelm et al.，2020）。

（二）盐生植物的种类和分布

除了藻类外，几乎所有耐盐植物都属于被子植物。盐生植物种类占世界陆地植物种类的 1%～2%。Aronson（1989）根据大量报道编写了《盐生植物——世界耐盐植物汇编》，记载了 1 560 余种盐生植物（117 科 550 属），其中，约有一半的属来自 20 个科。在单子叶植物中，禾本科的盐生属最多，约有 45 属，但仅占科中所有属的 7% 左右；莎草科有 14% 的属是盐生属。在双子叶植物中，藜科的盐生属比例最高，为 44%，包括 312 种盐生植物，是耐盐性最广泛和研究最多的科，其典型的盐生属有滨藜属（*Atriplex*）、海蓬子属/盐角草属（*Salicornia*）、碱蓬属（*Suaeda*）。

自 1999 年以来，赵可夫团队对我国大部分盐碱地区的盐生植物及其分布进行了调查，初步确定我国大约有盐生植物 421 种，隶属 66 科 197 属（赵可夫等，1999；赵可夫和冯立田，2001）。其中，盐生植物最多的科有藜科、禾本科、菊科、豆科等，其种数之和占我国盐生植物种类总数的 46.8%。这一系列调查和分析主要采用 Greenway 和 Munns（1980）提出的以 70 mmol/L NaCl 为界的划分标准。王宝山团队在盐生植物数据库 eHALOPH（https：//www. sussex. ac. uk/affiliates/halophytes/）中发现中国有 419 种盐生植物，隶属 66 科 198 属。其中，盐生植物最多的科有藜科（17 属 72 种）、禾本科（21 属 44 种）、菊科（20

属 44 种)、豆科 (18 属 33 种) 等, 其种数之和占我国盐生植物物种总数的 46% (Liu and Wang, 2021)。这一统计数据与赵可夫等的统计数据的一致性较高。

(三) 盐生植物的起源

根据现有的化石记录, 早期的陆生植物大约出现在 4.7 亿年前的奥陶纪中期 (Kenrick and Crane, 1997)。K$^+$是陆生植物细胞所必需的, 因此植物对高亲和性 K$^+$吸收的预适应对于从水中迁徙到陆地上来说是至关重要的。基于这一原因, 许多人认为最初的陆生植物是从淡水藻类进化而来的 (Rodriguez-Navarro and Rubio, 2006)。

如果这个假设成立, 那么盐生植物的耐盐性一定是植物登陆后进化出来的。Shabala 和 Mackay (2011) 讨论了盐生植物的出现, 认为, 首先, 地球的气候并不是长期稳定的, 而是在冰川期和非冰川期之间波动, 气候变化引起海平面的波动, 会导致在不同时期有大片土地可供利用, 在这些退潮点, 植物很有可能已经占领了新的可用土地; 其次, 造成土地盐碱化的其他因素包括地质隆起、含盐沉积岩的侵蚀以及含盐风将盐沉积在内陆, 这些地区同样会被植物占领。首先利用这些土地的植物最有可能是来自不同分支中的, 它们可能通过适应干旱胁迫等方式在某种程度上预先适应了盐碱环境。

Flowers 等 (2010) 认为, 如果盐生植物是植物在陆地上定居后进化出来的, 那么很有可能耐盐性的特征独立进化了几次。他们提出的证据是: 首先, 在大多数植物目中, 盐生植物占比很低 (<1%), 这意味着这些植物目中的绝大多数植物都丧失了耐盐性; 其次, 近缘科之间、不同谱系间以及谱系内表现出不同形态和生理的耐盐策略; 此外, 盐生植物广泛分布在被子植物的各个科属中, 这一事实表明耐盐性的起源是多系的 (Flowers et al., 1977; Flowers et al., 2010)。

二、盐生植物的分类

根据盐生植物对盐的摄取、储存以及分泌特点, 分为 3 类: ①泌盐型盐生植物 (recretohalophyte), 植物叶片或茎表面具有直接将盐离子分泌出植物体外的泌盐结构——盐腺或盐囊泡; ②真盐生植物 (euhalophyte), 通过细胞吸收与液泡区域化作用, 将盐离子积累在肉质化组织的液泡中, 从而稀释细胞质中的盐, 因此也称为积盐型盐生植物、稀盐型盐生植物或聚盐型盐生植物, 其中又分为叶肉质化真盐生植物和茎肉质化真盐生植物; ③假盐生植物 (pseudohalophyte), 拒绝或微量吸收外界盐分, 将盐离子积累在皮层细胞液泡和根部木质部薄壁细胞中, 减少向地上部分运输盐离子, 也称拒盐型盐生植物 (Brekle, 1995)。由于泌盐结构的特殊性, 本部分内容将重点介绍泌盐型盐生植物的泌盐结构及其泌盐机制, 对稀盐型盐生植物和拒盐型盐生植物的结构特征进行简单阐述。

(一) 泌盐型盐生植物

因泌盐型盐生植物具有特殊的结构, 对它的研究最广也最深入。根据泌盐方式, 泌盐型盐生植物可分为两类: ①向外泌盐型盐生植物 (exo-recretohalophyte), 利用盐腺将多余盐分直接分泌到植物体外，如柽柳（*Tamarix chinensis*）、红砂（*Reaumuria soongorica*）、二色补血草（*Limonium bicolor*）等；②向内泌盐型盐生植物（endo-recretohalophyte），先将体内多余盐分储藏在盐囊泡中，通过盐囊泡破裂将盐分释放出来，如冰叶日中花（*Mesembryanthemum crystallinum*）、藜麦（*Chenopodium quinoa*）、四翅滨藜（*Atriplex canescens*）等（Shabala et al.，2014；张乐等，2019）。

1. 向外泌盐型盐生植物

向外泌盐型盐生植物主要通过盐腺直接将盐分排出。盐腺可分为双细胞盐腺和多细胞盐腺，前者常见于单子叶植物，后者常见于双子叶植物（袁芳等，2015）。不同植物的盐腺结构各有不同，但是又具有一些共同特点：①盐腺由数目不等的收集细胞和分泌细胞构成，双细胞盐腺由基细胞（收集细胞）和帽细胞（分泌细胞）构成，多细胞盐腺由基细胞〔或称柄细胞（stalk cell，SC）〕、收集细胞和分泌细胞构成（马亚丽等，2015）；②盐腺较叶片其他部分相对独立，盐腺中的细胞多数具有角质层，分泌细胞在向外泌盐型盐生植物表皮中央的角质层增厚，形成具泌盐小孔的大收集腔（Dassanayake and Larkin，2017；马亚丽等，2015）；③分泌细胞与收集细胞、分泌细胞之间通过胞间连丝连接（Wilson et al.，2017）；④分泌细胞的细胞核较大，细胞质浓稠，有大量线粒体和小液泡，无中央大液泡（周三等，2001）。

（1）双细胞盐腺。双细胞盐腺由两个相连的细胞——基细胞和帽细胞组成，基细胞负责收集离子，帽细胞负责分泌离子，这是在盐生植物中最早发现的盐腺类型（Skelding and Winterbotham，1939）。禾本科的獐毛属（*Aeluropus*）、鼠尾粟属（*Sporobolus*）、米草属（*Spartina*）、结缕草属（*Zoysia*）等9个属均存在双细胞盐腺（周三等，2001）。海滨獐毛（*A. littoralis*）盐腺的基细胞嵌在叶肉组织中，帽细胞伸出叶面，帽细胞比其下方的基细胞小；帽细胞上的角质层经常与细胞壁分离，形成一个空腔，盐分在排出前积累在这里（Barhoumi et al.，2008）。400 mmol/L NaCl处理使獐毛盐腺上的集合腔消失，基细胞和帽细胞中的液泡数量增多、体积增大（Barhoumi et al.，2008）。基细胞的形态结构能够影响双细胞盐腺的泌盐速率。基细胞较大、较圆且凹陷于表皮的盐腺的泌盐速率大于基细胞狭长且凸出于表皮的盐腺。例如，米草属植物的盐腺凹陷于表皮，具有一个巨大的基细胞，其泌盐速率远大于具有狭长基细胞和毛状盐腺的垂穗草属（*Bouteloua*）植物（Liphschitz and Waisel，1982）。

（2）多细胞盐腺。多细胞盐腺主要存在于双子叶泌盐盐生植物中，如海榄雌属（*Avicennia*）、柽柳属（*Tamarix*）、红砂属、补血草属等。多细胞盐腺的细胞数量和结构因植物而异，数量为6～41个不等（周三等，2001）。例如，柽柳属植物的盐腺大多由6个分泌细胞和2个收集细胞形成对称结构（Wilson et al.，2017）；二色补血草的盐腺由4组细胞构成，每组由外向内包括外杯细胞、内杯细胞、副细胞以及分泌细胞，共16个细胞（Yuan et al.，2015）。Wilson等（2017）在南非柽柳（*T. usneoides*）中发现，盐腺分泌细胞的细胞质中含有大量细胞器，如线粒体、粗糙内质网、高尔基体以及与它们相关的囊泡。同样，二色补血草的分泌细胞中分布着许多小囊泡和较发达的线粒体，且在叶肉细胞与盐腺细胞之间，以及盐腺细胞之间均存在大量胞间连丝（袁芳等，2015）。收集细胞经大量胞间连丝与周围的叶肉细胞紧密连接，Dassanayake 和 Larkin（2017）推测盐分通过共质体途径从收集细胞输送到分泌细胞,再经角质层的分泌孔沉积于胞外。

(3)盐腺泌盐机理。盐腺泌盐机理主要有 3 个经典假说:渗透机理假说(Arisz et al.,1955)、胞饮反向活动假说、类动物液流运输假说(Levering and Thomson,1971)。以上 3 个假说目前均得到部分实验证据支持,但学界对盐腺泌盐机制的认识仍不够系统,还需要进一步探究。

盐腺泌盐的能力受到多种因素影响。在红砂叶片中,盐腺泌盐速率随外部盐浓度的增加而增加(赵书艺,2016)。He 等(2019)发现,适当浓度的 NaCl 处理能促进红砂叶片盐腺分泌 Na$^+$,保护植物免受过量 Na$^+$毒害;在水分亏缺期间,额外补充 0.59 g/kg NaCl 的情况下,与对照组相比,红砂盐腺的 Na$^+$分泌量至少高出 76%。此外,由于在泌盐过程中离子与水分一同排出盐腺,在排水过程中维持植株水分平衡的机制必不可少。进一步分析发现,中度 NaCl 胁迫对渗透势的贡献由 13% 显著增加到 22%,这表明中度 NaCl 能有效降低渗透势,利于植株保水并维持正常生理活动(He et al.,2019)。Tan 等(2013)在印度红树(*Avicennia officinalis*)盐腺中发现,两种水通道蛋白基因 *PIP* 和 *TIP* 优先表达,推测它们可能参与盐腺泌盐过程中的水分再吸收。

大量研究表明,盐腺泌盐需要能量。在盐腺分化过程中,线粒体为盐腺发育提供能量(Yuan et al.,2015)。还有研究发现,NaCl 处理可以提高屈霜花属植物 *Limoniastrum guyonianum* 盐腺细胞中线粒体的密度,这表明离子运输需要能量(Barhoumi et al.,2015)。然而,Yuan 等(2015)在二色补血草盐腺中并没有发现能量转换器叶绿体,说明盐腺泌盐的能量并不来自盐腺自身的光合作用。进一步研究发现,叶肉细胞与盐腺之间的胞间连丝可能为盐腺提供来自叶肉细胞的光合产物和 NADPH,作为盐腺泌盐的原始能量来源。

有研究发现,Na$^+$可通过转运蛋白介导的主动运输从周围叶肉细胞向盐腺细胞集中并被分泌出盐腺(Rodríguez-Rosales et al.,2009)。质膜 Na$^+$-H$^+$反向转运体 SOS1 主要介导植物细胞内 Na$^+$外排,可能在盐腺泌盐中起重要作用(Cheng et al.,2019)。

2. 盐囊泡泌盐植物/向内泌盐型盐生植物

向内泌盐型盐生植物的泌盐方式是先将盐分储存于盐囊泡,待盐囊泡成熟破裂后再将盐分排出(Shabala et al.,2014),主要包括藜科的滨藜属(*Atriplex*)、藜属(*Chenopodium*)、碱猪毛草属(*Salsola*)等植物(周三等,2001)。

(1)盐囊泡的结构特征。盐囊泡主要由表皮毛特化而来(Adams et al.,1998),一般认为盐囊泡是由泡状细胞(epidermal bladder cell,EBC)、柄细胞和表皮细胞(epidermal cell,EC)构成的EC-SC-EBC 复合体(Shabala et al.,2014)。但不是所有向内泌盐型盐生植物都有柄细胞,冰叶日中花的盐囊泡即由单一的泡状细胞构成(Barkla et al.,2012),其泡状细胞薄壁化、高度空泡化,在不同部位具有不同形状。主茎和侧枝的盐囊泡发育后接近长圆柱形;叶上表皮的盐囊泡近圆形;叶尖和萼片的盐囊泡被拉长成毛发状结构,由基部向上渐尖(Adams et al.,1998)。藜麦(*C. quinoa*)的盐囊泡具有典型的EC-SC-EBC 复合体结构(Shabala et al.,2014),泡状细胞的体积能够达到普通叶肉细胞的 200~1 000 倍,适合储存大量盐分和水分(Böhm et al.,2018)。柄细胞含有大量小液泡,细胞质黏稠,细胞核明显,含叶绿体。成熟泡状细胞中有一个很大的中央液泡,细胞核与细胞器位于细胞质的边缘（张乐等，2019）。柄细胞与泡状细胞及叶肉细胞之间通过胞间连丝相连；盐囊泡通过一个多层厚角质与表皮细胞连接（杨美娟，2005）。

（2）盐囊泡泌盐机理。盐囊泡通过积累大量盐分，然后膨胀到最终破裂将盐分释放到植物体外（Shabala et al.，2014）。Na$^+$向盐囊泡积累的过程主要包括：Na$^+$从叶肉细胞排出，经柄细胞转运进入盐囊泡，最终被区域化在盐囊泡的液泡中（Böhm et al.，2018）。Böhm 等（2018）在藜麦中发现，质膜 Na$^+$-H$^+$反向转运体 CqSOS1 在盐囊泡中的表达量远低于叶肉细胞，在叶肉细胞中，CqSOS1 利用质膜 H$^+$-ATPase 建立的跨膜质子梯度将 Na$^+$外排，而由于盐囊泡是最终收集 Na$^+$的，故不需要大量 CqSOS1 用来排Na$^+$；此外，研究人员还发现，高亲和性 K$^+$转运蛋白 HKT 家族中负责 Na$^+$转运的亚家族 1 蛋白 CqHKT1；1 和 CqHKT1；2 分别在根、叶与盐囊泡中表达，特异性介导 Na$^+$流入胞内，且 CqHKT1；2 在较低外源 Na$^+$浓度条件下，不介导盐囊泡 Na$^+$外流，从而保持盐囊泡内 Na$^+$浓度梯度。Guo 等（2019）发现四翅滨藜（*Atriplex canescens*）幼苗经100 mmol/L NaCl 处理后，重要营养元素转运蛋白/通道相关基因的转录水平显著升高，且叶片中参与 Na$^+$外排、吸收和液泡区域化的基因可能在盐囊泡 Na$^+$积累中起重要作用。Zou 等（2017）发现在藜麦盐囊泡中，液泡内的盐浓度明显高于细胞质，经 100 mmol/L NaCl 处理后，一些编码质膜和液泡膜质子泵的基因表达上调，将 Na$^+$区域化在盐囊泡中。此外，Böhm 等（2018）发现盐囊泡中的液泡质子泵比叶肉细胞中的丰富，认为跨膜质子梯度驱动 Na$^+$进入盐囊泡。若要在盐囊泡中大量储存盐分，除储存 Na$^+$外，Cl$^-$也很重要。已有研究表明，阳离子转运体的阴离子偏好与丝氨酸或脯氨酸的存在有关，藜麦Na$^+$转运蛋白 CqCLC-c 携带丝氨酸残基，导致 CqCLC-c 更易转导 Cl$^-$而不是 NO$_3$$^-$进入液泡，可能介导 Cl$^-$在盐囊泡液泡中积累（Böhm et al.，2018）。在盐胁迫下，四翅滨藜的盐囊泡为了正常行使储存盐分的功能，必须保证细胞膜和细胞质中的相关结构正常运转，需要获取 K$^+$保持膜电位和细胞质稳态（Pan et al.，2016）。除了电压门控型 K$^+$通道之外，植物还利用高亲和力 K$^+$转运体来获取 K$^+$。Böhm 等（2018）发现藜麦两种 K$^+$转运蛋白基因在盐囊泡中的表达量高于根部；将外部 pH 降低到 4 时，藜麦高亲和性 K$^+$转运体 CqHAK 被激活，推测利用跨膜质子梯度来驱动 K$^+$跨膜运输。

（二）真盐生植物/稀盐型盐生植物

真盐生植物主要分布在黎科，其中，叶肉质化的真盐生植物有碱蓬属（*Suaeda*），如盐地碱蓬（*S. salsa*）、海滨碱蓬（*S. maritima*）、碱蓬（*S. glauca*），猪毛菜属（*Salsola*），如碱猪毛菜（*S. scopparia*）；茎肉质化的真盐生植物主要有盐穗木属（*Halostachys*），如盐穗木（*H. belonggeriana*），盐节木属（*Halocnemum*）如盐节木（*H. strobilaceum*），盐爪爪（*Kalidium*）属，如圆叶盐爪爪（*K. schrenkianum*）、尖叶盐爪爪（*K. cuspidatum*），海蓬子属/盐角草属（*Salicornia*），如盐角草（*S. europaea*）等（赵可夫等，1999）。

肉质化是用来描述叶片和茎组织增厚以及由此产生的细胞汁液增多、体积增加的术语。叶片肉质化是甜土植物一种典型的适应性反应，可能是通过增加叶肉细胞的大小及其液泡的相对大小，也可能通过增加海绵组织的数量来实现的（Gorham et al.，1985；

Longstreth and Nobel，1979）。稀盐型盐生植物与多浆旱生植物有类似的反应，且肉质化是它们最突出的特征。长期以来，人们认为肉质化会随着盐浓度的增加而加剧，以储存更多的 Na$^+$ 和 Cl$^-$（Hajibagheri et al.，1984）。重要的是，盐生植物叶片的快速增厚通常与发育延迟和盐渍条件下单个叶片存活时间的延长有关（Black，1958）。

肉质化组织含水量高，可以将植物体内盐分稀释，避免受到高盐的伤害（Rozema et al.，2013）。茎肉质化的真盐生植物中，皮层分化为内部皮层和外部皮层两部分，内部皮层发育成储水组织，细胞呈球形或椭圆形，外部皮层发育成栅栏组织，细胞内含大量叶绿体；叶肉质化的真盐生植物中，叶片肉质且无柄，呈圆柱状或半圆柱状，气孔少，叶表皮细胞排列紧密，几乎全部由储水细胞组成，表皮外有角质层（刘佳欣等，2023）。Gao 等（2016）的研究表明，盐节木（*Halocnemum strobilaceum*）在盐溶液浓度为 0.9%～5.4%时，叶肉质化程度增加。刘彧等（2006）的研究表明盐地碱蓬叶片对 Na$^+$ 和 Cl$^-$ 的积累是叶片肉质化的主要原因，在盐胁迫下，叶片肉质化，细胞数目增多。

（三）拒盐型盐生植物/假盐生植物

拒盐型盐生植物，又称假盐生植物，能够拒绝或少吸收外界盐分，将盐离子积累在根皮层细胞的液泡和根木质部的薄壁细胞中，减少向地上部茎叶运输盐离子，从而降低盐对植物的胁迫作用。拒盐型盐生植物种类较稀盐型盐生植物和泌盐型盐生植物更少，碱茅属（*Puccinellia*）植物、沙枣（*Elaeagnus angustifolia*）、莎草（*Cyperus rotundus*）等是较为常见的拒盐型盐生植物（刘佳欣等，2023）。

拒盐型盐生植物根部内皮层会木质化和木栓化形成凯氏带和木栓层，这两种结构具有不透水、不透气性，导致溶解于土壤水分中的盐分难以进入根中柱中，因此称为质外体屏障（刘鑫等，2022）。在高浓度盐处理下，拒盐型盐生植物小花碱茅（*Puccinellia tenuiflora*，又称星星草）的内皮层显著加厚，根内皮层的木栓质沉积受盐胁迫诱导而增强，木栓层和凯氏带提前发育而更靠近根尖（Peng et al.，2004；杨海莉，2019）。质外体屏障与植物耐盐性的关系将在第七章详细介绍。拒盐型盐生植物中，茎的表皮细胞壁具有发达的角质层，维管束近于星散分布；叶的上表皮向外延伸的表皮毛较多，气孔下陷；叶肉组织排列疏松，胞间隙较大，叶脉维管束鞘由两层细胞构成（刘志华和李建明，2006）。经过盐处理的灯芯草属（*Juncus*）植物，根和茎中具有发育良好的通气组织。

三、盐生植物的耐盐机制

（一）盐生植物耐盐的生理机制

盐生植物没有区别于甜土植物的特异的耐盐结构或特有的耐盐机制，表现出的强耐盐性往往是多种耐盐生理机制的综合反应，与甜土植物相比，主要是耐盐能力强弱的区别。盐腺、盐囊泡、肉质化、凯氏带等耐盐的形态及结构特征已在本章本节"二、盐生植物分类"中详细阐述，本部分内容主要集中在盐生植物耐盐的生理机制方面。关于盐生植物耐盐机制的大部分研究表明，它们可能涉及渗透耐受性、离子外排或区隔化（液泡区域化）、组织耐受性等一系列适应过程，与甜土植物相比，盐生植物在耐盐性方面具有优势（El-louzi et al.，2011；Bose et al.，2014a，b）。

1. 渗透调节和离子稳态

植物处在高盐环境时，由于高盐降低了土壤水势，植物很快会受到渗透胁迫，这会导致水分亏缺和离子分配不均衡，而当盐在细胞中积累过量时，开始对植物产生离子毒害作用（Muuns and Tester，2008；Hasegawa，2013）。盐生植物之所以耐盐，主要归因于在渗透调节和解离子毒害方面强大的能力。这两方面的能力既相互独立也紧密联系，渗透调节方面，盐生植物能积累大量的渗透调节物质以应对盐引起的渗透胁迫。为应对离子毒害，泌盐型盐生植物能通过叶片将过多盐分分泌出去，稀盐型盐生植物能将盐隔离在液泡中，拒盐型盐生植物控制 Na^+ 向地上部的长距离运输以及增加根系 Na^+ 外排。其中，将 Na^+ 区隔化在液泡中不仅能降低细胞质中 Na^+ 的毒害，还能利用 Na^+ 充当廉价的渗透调节剂来应对渗透胁迫，这也是稀盐型盐生植物具有极强的耐盐性的核心原因，甚至 $100\sim200$ mmol/L NaCl 还能促进生长（Flowers and Colmer，2008；Ma et al.，2012；Shabala et al.，2014）。

（1）有机渗透调节剂/相容性溶质。长期以来，人们一直认为耐盐性依赖于细胞质的渗透调节，这种调节是通过积累有机相容性溶质来实现的（Storey and Wyn Jones，1979）。两种主要的渗透调节剂是甘氨酸甜菜碱（glycine-betaine，GB）和脯氨酸，也报道了其他渗透调节剂，如肌醇、松醇、山梨醇、甘露醇（Agarieet al.，2007；Ben Hassine et al.，2008）。有机渗透调节物质种类的多样性反映了系统发育和盐生植物在不同环境中的功能需求（Flowers and Colmer，2008）。

相容性溶质的表达模式因时间、物种和组织的不同而变化很大。在滨藜属植物中，脯氨酸早在胁迫后 24 h 就开始积累，而 GB 浓度在胁迫 10 d 后达到峰值，并且在胁迫解除后没有下降（Ben Hassine et al.，2008）。在盐渍条件下，海石竹（*Armeria maritima*）根部的甜菜碱浓度增加，而叶片中的甜菜碱浓度没有显著增加，维持在 $2\sim4$ mmol/L（Kohl，1997）。而相同的条件下，盐地鼠尾粟（*Sporobolus virginicus*）叶的 GB 水平高达 120 mmol/L（Marcum and Murdoch，1992）。冰叶日中花响应 400 mmol/L 盐浓度时，脯氨酸增加了 $20\sim30$ 倍（Sanada et al.，1995；Ishitani et al.，1996），而肌醇和松醇增加了 80 倍以上（Ishitani et al.，1996）。然而，在某些情况下，相容性溶质的浓度并不随外界盐浓度的增加而增加，这表明这些物质在某些物种（如 *Suaeda fruticosa* 和 *Gennaria griffithii*）中是组成型的（Khan et al.，1998）。在互花米草（*Spartina alterniflora*）中，一些相容性溶质（如硫代甜菜碱）是组成型的，而另一些（如 GB 和脯氨酸）则受盐浓度调节（Colmer et al.，1996）。

已报道的相容性溶质（如 GB 或脯氨酸）浓度通常为 $20\sim150$ mmol/L（Kohl，1997；Storey and Wyn Jones，1979），即使假设它们只存在于细胞质中，这个浓度也不足以在细胞内进行全部的渗透调节，因为典型的盐碱地中 Na^+ 浓度普遍在 $200\sim500$ mmol/L，液泡中的 Na^+ 浓度也很高，如在海滨碱蓬中高达 $500\sim600$ mmol/L（Maathuis et al.，1992）。因此，相容性溶质在盐生植物中可能不像在甜土植物中那样起渗透调节的作用，而是参与渗透保护和/或活性氧（ROS）清除（Bohnert and Shen，1999；Ben Hassine et al.，2008)。

生理浓度的相容性溶质可能通过调节 K$^+$ 的跨膜运输，从而维持最佳的 K$^+$/Na$^+$ 比，这可能是植物耐盐性最重要的特征 (Shabala and Cuin，2008；Tester and Davenport，2003)。然而，支撑这一结论的工作均是在甜土植物中进行的，在盐生植物中缺乏相关的研究。

(2) 离子区隔化和渗透调节。所有盐生植物都必须适应外部低水势。然而，物种肉质化程度不同，即单位叶面积的含水量不同，积累的溶质也不同 (Flowers and Yeo，1988；Flowers and Colmer，2008)。例如，在 Albert 等 (2000) 分析的 32 种藜科植物 (稀盐型盐生植物) 中，Na$^+$ 和 Cl$^-$ 占溶质浓度的 67%，而这两种离子在 17 种禾本科植物 (拒盐型植物) 中平均仅占溶质浓度的 32%；糖类在藜科中仅占 1%，但在禾本科中占 19%。不同物种中，不仅有机溶质/无机溶质比不同，而且积累的离子比也不同，如番杏科和藜科的 Na$^+$/K$^+$ 比较禾本科、莎草科和灯心草科的高 10 倍以上 (Flowers et al.，1986；Hütterer and Albert，1993；Flowers and Colmer，2008)。

发挥渗透调节作用的单价离子浓度对细胞质来说是有毒的，因此，研究人员普遍认为细胞膨压是通过将 Na$^+$ 和 Cl$^-$ 区隔化在液泡中来维持的，这样就能降低二者对细胞质的毒害，而胞质中的渗透势是通过 K$^+$ 和有机溶质的共同积累来调节的 (Flowers et al.，1977；Flowers and Colmer，2008；Shabala and Mackay，2011)。3 种主要的无机离子 Na$^+$、K$^+$ 和 Cl$^-$ 贡献了盐生禾草和双子叶盐生植物细胞液渗透压的 80%~95% (Glenn et al.，1999)。因此，盐生植物在其地上部积累了大量的 Na$^+$ 和 Cl$^-$ (均>10% 干重)，并主要区隔化在液泡中 (Grattan et al.，2008；Flowers and Colmer，2008)。同时，盐生植物细胞质中 K$^+$ 浓度与甜土植物的相似 (Flowers and Colmer，2008)。这表明盐生植物具有较高的液泡 Na$^+$/细胞质 Na$^+$ 比 ($\approx$5)，同时具有较高的细胞质 K$^+$/液泡 K$^+$ 比 ($\approx$4) (Ye and Zhao，2003)。

液泡中的 Na$^+$/K$^+$ 比较细胞质中的 Na$^+$/K$^+$ 比高 2.5~21 倍，并且在禾本科和藜科中发现了细胞质和液泡之间渗透调节物质的差异。禾本科植物液泡中的 Na$^+$/K$^+$ 比较藜科植物的低得多，这也反映出两类植物的耐盐机制完全不同 (Flowers and Colmer，2008)。

离子跨过液泡膜区隔化到液泡中的过程是通过液泡型 H$^+$-ATPase (V-ATPase) 和 H$^+$-焦磷酸酶 (VPPase) 产生的跨膜质子动力驱动的 (Gaxiola et al.，2007)。冰叶日中花的 V-ATPase 活性及其 E 亚基在成熟叶片中的表达，均随着 NaCl 的添加而增加 (Ratajczak et al.，1994；Golldack and Dietz，2001)。从叶片制备的囊泡中的 Na$^+$-H$^+$ 交换因为植物受到盐渍化而持续增加 (Barkla et al.，2002)。这些变化表明 Na$^+$ 在液泡中的区隔化在根细胞中被抑制，而在叶片细胞中被激活，这是冰叶日中花响应盐胁迫的重要策略。当向北美海蓬子 (*Salicornia bigelovii*) 生长培养基中添加 NaCl 时，质膜型 (PM-ATPase) 和 V-ATPase 的活性增加 (Ayala et al.，1996)，VPPase 的活性也增加 (Parks et al.，2002)。在盐地碱蓬中，盐增加了液泡膜中 V-ATPase 的活性，而不是 VPPase 的活性，这与液泡膜 Na$^+$-H$^+$ 反向转运体 (NHX) 的活性增加有关 (Wang et al.，2001)。生长在 NaCl 条件下的盐芥 (*Thellungiella halophila*) 增加了从液泡膜制备的囊泡中的 Na$^+$-H$^+$ 交换，但不增加从质膜制备的囊泡中的 Na$^+$-H$^+$ 交换 (Vera-Estrella et al.，2005）。然而，有效的离子区隔化不仅依赖于液泡膜的跨膜离子运输，还依赖于离子如何持续留在液泡内，这一特性被认为与磷脂/蛋白质比高、高饱和脂肪酸充足、胆固醇比例高和液泡膜的整体流动性低有关（Leach et al.，1990）。

（3）K^+、Na^+选择性。与稀盐型盐生植物对 Na^+ 的喜好不同，拒盐型盐生植物对 Na^+ 的利用能力不强，它们的耐盐策略主要包括限制根系 Na^+ 进入、增加 Na^+ 外排、增加 K^+ 的摄入以及木质部的 K^+ 装载和 Na^+ 卸载。王锁民等提出用根系 K^+、Na^+ 选择性吸收能力（SA 值）和选择性运输能力（ST 值）区分拒盐型盐生植物和稀盐型盐生植物，SA 值越高，表明植物从介质中拒绝 Na^+、选择性吸收 K^+ 的能力越强；ST 值越大，则表明根系抑制 Na^+、促使 K^+ 从根向地上部运输的能力越强（Wang et al.，2002）。

低 K^+ 条件下，盐生植物小花碱茅根系具有很强的 K^+、Na^+ 选择性吸收能力，约是甜土植物小麦的 2 倍（Wang et al.，2004a）。进一步研究发现，通过抑制根中 Na^+ 向木质部的单向内流，来减少体内 Na^+ 的总量，从而维持对 K^+、Na^+ 的强选择性吸收是小花碱茅主要的耐盐机制之一（Wang et al.，2009）。Guo 等（2012）提出 SOS1 介导的木质部 Na^+ 装载与 HKT 介导的 Na^+ 卸载在不同程度盐胁迫下相互协调，一方面维持整株水平上的 Na^+ 稳态平衡，另一方面促进 K^+ 向地上部的运输，维持根系对 K^+、Na^+ 的选择性运输能力是小花碱茅主要的耐盐机制之一。Wang 等（2015）进一步研究揭示了内整流 K^+ 通道 AKT1 在小花碱茅维持 K^+、Na^+ 选择性吸收能力中的作用。

盐生植物对 K^+、Na^+ 的高选择性可能与根的保 K^+ 能力相关。与甜土植物相反，盐浓度的增加能刺激盐生植物（如碱蓬或海韭菜）根中 K^+ 的积累（Marcum and Murdoch，1992），并导致植物在茎中维持恒定的 K^+ 浓度。在盐胁迫下，拟南芥及其近缘盐生植物盐芥中细胞类型特异性离子分布的主要差异与 K^+ 有关，而与 Na^+ 无关。在对照条件下，盐芥在表皮中积累了高浓度的 K^+，尽管在盐胁迫期间，表皮中 K^+ 浓度显著降低，而体内 K^+ 浓度增加。在盐芥中，表皮起到了 K^+ 储存位点的作用（Volkov et al.，2003）。然而，值得注意的是，这些发现不适用于所有盐生植物，一些盐生植物根中的 K^+ 含量因盐浓度的增加而降低（Hajibagheri et al.，1985）。

2. 活性氧清除

活性氧（ROS）清除途径是通过清除盐胁迫下线粒体和叶绿体电子传递链产生的有毒自由基（主要为过氧化氢和超氧阴离子）发挥保护作用的。抗氧化防御系统的一系列酶，包括单脱氢抗坏血酸还原酶（MDAR）、谷胱甘肽转移酶（GST）、抗坏血酸过氧化物酶（APX）和超氧化物歧化酶（SOD），已在几种盐生植物中被鉴定，并已被证明在高等植物抵御盐诱导的氧化胁迫中发挥重要作用。这些基因的过量表达导致耐盐性增强（Meng et al.，2018）。过表达盐地碱蓬的 *SsAPX* 基因可以提高转基因拟南芥的萌发率、子叶生长、存活率和耐盐性（Li et al.，2012）。

除了直接清除 ROS 的酶外，某些其他类型的蛋白质/酶也被证明可以提高植物的抗氧化能力。金属硫蛋白（metallothionein，MT）可以与重金属结合，参与必需金属（Cu 和 Zn）在植物体内的平衡，以及非必需金属（Cd 和 Hg）的细胞解毒。例如，盐角草属植物 *Salicornia brachiata* 金属硫蛋白基因 *SbMT‐2* 在烟草中的表达显著增强了烟草的耐盐性，增强了膜稳定性，降低了 H_2O_2 和脂质过氧化产物丙二醛（MDA）水平，暗示 Sb-

MT-2参与ROS清除；在表达SbMT-2的转基因植物中，关键抗氧化酶，特别是过氧化物酶（POD）、SOD和APX编码基因的表达增加，这进一步证实了SbMT-2基因及其蛋白产物在ROS清除/解毒中的作用（Chaturvedi et al.，2014）。除MT外，过表达盐地碱蓬S-腺苷甲硫氨酸合成酶基因提高了转基因烟草的耐盐性（Qi et al.，2010）。

通过改变膜脂的组成和脂肪酸饱和度来调节膜结构和流动性，从而影响膜的通透性，有助于植物抵抗环境胁迫（Mikami and Murata，2003；Tang et al.，2012）。比较分析盐生植物盐芥和甜土植物拟南芥在高盐条件下的膜脂和脂肪酸组成，结果显示，盐芥中磷脂酰甘油（PG）和不饱和脂肪酸的水平较高，单半乳糖基二酰基甘油和PG的双键指数也较高（Sui et al.，2014）。膜脂中不饱和脂肪酸水平的增加可以保护光系统Ⅱ（PSⅡ）和光系统Ⅰ（PSI），增强光系统对盐胁迫的耐受性（Sui et al.，2010；Sun et al.，2010）。此外，非特异性脂质转移蛋白TsnsLTP4也被证明参与盐胁迫抗性（Sun et al.，2015）。

（二）挖掘盐生植物耐盐基因的重要性

毫无疑问，耐盐性是一个复杂的多基因性状，表现出杂种优势、显性和加性效应（Flowers，2004；Foolad，1997）。Tester和Davenport（2003）估计盐能影响约8%基因的转录水平，然而，这8%的基因中只有不到1/4是受盐胁迫特异表达的（Ma et al.，2006）。因此，为了对耐盐性性状进行遗传操作，必须揭示所有相关基因的特定生理作用，并量化每个基因的相对贡献。最有效的方法是利用盐生植物，盐生植物既可作为植物耐盐生理研究的模式物种，又可作为主要农作物耐盐基因的潜在来源（Flowers et al.，2010）。

盐生植物中尚未发现特异于甜土植物的耐盐形态结构和生理机制，这表明盐生植物和甜土植物很可能拥有相同的基因，但表达方式不同。在很多情况下，盐生植物和甜土植物之间翻译后调控的差异导致了耐盐或不耐盐表型的形成（Edelist et al.，2009；Bonales-Alatorre et al.，2013）。Bose等（2015）通过比较盐生植物和甜土植物中H$^+$-ATP酶（质子泵）的转录水平，证明了盐生植物中翻译后修饰对提高耐盐性的重要性。H$^+$-ATP酶除了为Na$^+$-H$^+$反向转运体提供驱动力将Na$^+$排出细胞外，还能帮助保留K$^+$。与盐生植物藜麦相比，拟南芥中H$^+$-ATP酶转录水平的增加要强得多，然而，H$^+$-ATP酶活性却低得多，这表明盐生植物中翻译后修饰的重要作用。Himabindu等（2016）在其综述文章中统计了盐生植物中克隆的参与离子转运、渗透调节、活性氧清除和转录调控等过程的一系列耐盐基因，以及这些基因和甜土植物中的同源基因的差异，这些信息也解释了基因组、转录组和蛋白质组水平的差异，包括结构和功能的差异。此外，除了盐响应本身的差异外，表达差异可能反映了生境的差异。例如，质膜型Na$^+$-H$^+$反向转运体（SOS1）和高亲和性K$^+$转运蛋白（HKT）编码基因的差异表达/功能依赖于生境（Maathuis et al.，2014；Su et al.，2015；Katschnig et al.，2015）。此外，液泡膜Na$^+$（K$^+$）-H$^+$反向转运蛋白（NHX）在调节K$^+$稳态中的功能优先于在Na$^+$区隔化中的作用，这也表明盐生植物耐盐机制的复杂性（Very et al.，2014。Shabala and Pottosin，2014）。Liu等（2014）研究结果表明，过表达獐毛NHX1的转基因大豆在地上部液泡中表现出较少的Na$^+$螯合，而在地上部和根部中，都观察到了K$^+$的积累。此外，由于与甜土植物相比，盐生植物具有更有效的Na$^+$外排能力，因此在ROS介导的耐盐性中不需要有效的抗氧化活性（Bose et al.，2014a，b）。事实上，盐生植物不允许过多的 ROS 产生。此外，盐生植物可能已经进化出在高盐浓度下生存的特殊机制，而这在甜土植物中可能不存在（Himabindu et al.，2016）。

因此，深入研究盐生植物耐盐性的分子机制，挖掘关键耐盐基因，对农作物的遗传改良和新品种创制、提高农牧业生产力具有重要的潜在意义。

四、盐生植物的应用价值和潜力

盐生植物是宝贵的自然资源，具有潜在的经济价值，可以作为谷物、蔬菜、水果、药材、动物饲料、能源植物等以及用于绿化和海岸保护。一些盐生植物可以提高非盐生植物的耐盐性，具有耐盐种质创制的潜在价值。盐生植物还具有强大的抗氧化系统，含有高活性的天然抗氧化剂，对人类健康具有巨大的发展前景。许多盐生植物能在含有毒金属的土壤中生长并获得产量，且在相同环境下比非盐生植物具有更强的环境适应能力，这为环境污染治理提供了新思路。

（一）盐生植物在土壤改良中的作用

农业、工业和城市水处理过程产生了大量的劣质水（Glenn et al.，1999）。其中大部分是盐水，含有 1 000～7 000 mg/L 以上的总溶解盐，Na^+ 通常是其中主要的阳离子。这些废水通常排入含水层、市政污水系统或地表水，对下游用水系统和环境造成潜在危害（Gerhart et al.，2006），例如，导致土壤结构退化，对农业系统和生态系统产生有害影响。尽管解决含盐废水处理问题最环保的方法是使用海水淡化厂，但建造和运营这种工厂的成本很高，碳排放量也很高。因此，需要找到经济上可行的替代品，使用盐生植物作为经济作物物种不失为一种好的选择。

由于真盐生植物对盐分的区隔化作用，长期种植可减少土壤中的盐分，对改良土壤具有重要作用，向内泌盐型盐生植物由于盐囊泡不容易破裂，也具有类似作用。国内外研究均表明，种植盐生植物对于不同类型的盐渍土壤均具有显著的改良作用，如改良土壤结构、降低土壤含盐量、降低土壤容重、增加土壤孔隙度、增加土壤养分、增加土壤微生物数量等（Hasanuzzaman et al.，2014；葛瑶等，2021）。在滨海盐碱地种植碱蓬 3 年后，土壤脱盐率达 26.83%（张立宾等，2007），不同白榆（*Ulmus pumila*）品系的种植也能使土壤含盐量降低 55%～63%（张梦璇，2019）。

（二）盐生植物在农业生产中的应用

盐生植物提供了替代作物的可能性，目前正在农业生产中得到推广。例如，盐生植物藜麦是一种全谷全营养完全蛋白碱性食物，其蛋白质含量与牛肉相当，其品质也不亚于肉类蛋白与奶源蛋白，藜麦的营养价值超过任何一种传统的粮食作物，被称为"超级谷物"。近年来，藜麦的研究和育种工作已受到全世界的广泛重视（Jarvis et al.，2017；Zou et al.，2017）。海滨沼葵（*Kosteletzkya virginica*）、牙刷树（*Salvadora persica*）、盐角草等是潜在的油料作物。植物的生长发育和抗逆性往往是一个拮抗的平衡过程，对甜土作物而言，提高耐盐性可能以牺牲生长和产量为代价，而许多盐生植物在盐环境中生长最佳，产量也最高（Flowers and Colmer，2008）。盐生植物在农业生产中的应用前景比旱生植物更好，因为没有水，植物可能会存活，但不会生长；而有了盐水，一些盐生植物能长得很好（Flowers et al.，2010）。

除了直接利用盐生植物外，科学家们还希望将盐生植物的耐盐特性转移到作物中。Kobayashi 等（2012）将小花碱茅的 $SOS1$ 和 NHX 基因转入水稻，增强了水稻茎对 NaCl 和根对 $NaHCO_3$ 的抗性，在 NaCl 处理下，转基因株系也保持了较低的 Na^+ 含量和较高的 K^+ 含量。在另一个转基因水稻品系中，来自大叶补血草的 $AgNHX1$ 导致液泡膜 Na^+-H^+ 反向转运体活性增加了 8 倍，并表现出对 300 mmol/L NaCl 的耐受性（Ohta et al.，2002）。盐生植物中液泡 Na^+-H^+ 反向转运体的活性通常更可靠，因此增强了将 Na^+ 泵入液泡的能力，从而赋予这种转基因水稻对 Na^+ 的耐受性。类似地，过表达盐地碱蓬和单子叶植物大米草 $NHX1$ 的转基因水稻，对盐浓度的耐受性分别增强至 300 和 150 mmol/L NaCl（Zhao et al.，2006；Lan et al.，2011）。互花米草液泡膜 H^+-ATP 酶亚基 c1（$SaVHAc1$）在水稻中的表达赋予了水稻对 200 mmol/L NaCl 的耐受性（Baisakh et al.，2012）。水稻中过表达编码海榄雌（$Avicennia marina$）细胞质 Cu/Zn SOD 的 $SOD1$ 基因，水稻对甲基紫精介导的氧化胁迫的耐受性增加，对包括高盐在内的各种非生物胁迫的耐受性提高，籽粒产量增加（Prashanth et al.，2008）。过表达獐毛 $NHX1$ 的转基因大豆，能耐 150mmol/L NaCl，比野生型根中积累的 Na^+ 少（Liu et al.，2014）。

只有在作物有近缘盐生植物的情况下才能使用这种方法来培育稳定遗传的纯合耐盐品种。体细胞杂交技术的发展可能扩大了转基因的应用范围，但转基因的效率仍然很低。因此，尽管科学家们在提高作物的耐盐性方面做了大量的努力，从广泛杂交到转基因，但是很少有高产的耐盐品种被培育出来。Flowers 等（2010）认为更可行的方法是深入了解盐生植物细胞的耐盐机制，并将这些知识应用于作物耐盐性的遗传改良。

（三）盐生植物在畜牧业生产中的应用

我国很多盐碱地区人口少，工业化不发达，非常适合规模化畜牧业。而且为保障主粮作物的生产，我国的畜牧业往往需要在盐碱地等边际土地进行。虽然牧草在盐碱地上生长缓慢，但盐碱地生产的牧草提高了牛羊肉的品质、嫩度和营养价值（Akhter et al.，2004；Liu and Wang，2021）。

很多种盐生植物都具有较高的饲用价值。根据中国盐生植物种质资源库（2021 版）（http：//www. grhc. sdnu. edu. cn/index. htm）中的记录，在我国，包括柽柳、红砂、盐地碱蓬、羊草、狗牙根、小花碱茅等 118 个种都可被当作优质的牧草使用。

盐生植物除了具有直接饲用价值外，还具有提供潜在的优秀基因资源的价值。紫花苜蓿（$Medicago sativa$）是一种多年生豆科植物，作为饲料作物在全球广泛种植，因其蛋白含量高和纤维高度可消化被称为"牧草之王"。人类也食用苜蓿芽作为维生素的丰富来源。多年来，盐渍化显著降低了紫花苜蓿的产量。Zhang 等（2014）在紫花苜蓿中表达盐角草的 $NHX1$ 基因，提高了耐盐性。通过 RD29A 胁迫诱导型启动子表达盐生植物碱猪毛菜（$Salsola soda$）的 $SsNHX1$ 基因的转基因苜蓿甚至能耐受 400mmol/L NaCl（Li et al.，2011）。共表达角果碱蓬（*Suaeda corniculata*）*ScNHX1* 和液泡 H$^+$-焦磷酸酶 *ScVP* 基因的苜蓿对 NaCl 的耐受性增强至 300mmol/L（Liu et al.，2013）。羊茅属（*Festuca*）植物是一类广泛用作饲料的草，能改善动物的消化，是蛋白质、维生素和矿物质的丰富来源。羊茅也是一种观赏植物，可用于装饰景观，这种草经常用于高尔夫球场。过表达长穗偃麦草（*Agropyron elongatum*）的根特异性液泡 *AeNHX1* 的羊茅表现出对 300mmol/L NaCl 的耐受性（Qiao et al.，2007）。

（四）盐生植物作为生物能源作物的应用前景

人口的增加和能源消耗率的提高，导致了以化石燃料为基础的能源危机以及环境危害。以植物为基础的生物燃料是化石燃料的绿色替代品，具有缓解全球变暖和气候变化的潜力（Sagar and Kartha，2007）。在贫瘠的土地，如盐碱地上，种植耐盐生物燃料作物，一方面不会竞争传统农业用地，另一方面可以使用海水灌溉而对产量影响较小，因此这种方式极具应用潜力（Glenn et al.，1998；Sharma et al.，2016）。

基于以上两方面的因素，作为生物能源作物的盐生植物最好具备以下两方面的能力。一是能耐受不低于海水的盐浓度（500 mmol/L）。与单子叶植物相比，双子叶植物对盐的耐受性更强，甚至在 100～200 mmol/L NaCl 条件下生长最佳（Flowers and Colmer，2008）。二是具有较高的含油量。许多盐生植物，如蓖麻（*Ricinus communis*）、异子蓬（*Suaeda aralocaspica*）、北美海蓬子、海崖芹（*Crithmum maritimum*）、绿玉树（*Euphorbia tirucalli*）、海滨锦葵（*Kosteletzkya virginica*）等，可以储存高于 20% 种子总干重的高浓度油脂。其中，蓖麻种子油含量高达种子总干重的 40%（Abideen et al.，2012，2014）。从盐生植物中提取的油的脂肪酸甲酯组成和用于生产生物柴油的其他油料作物相当（Abideen et al.，2012；Gul et al.，2013）。我国和世界其他国家的科学家们调查了主要盐生能源植物的分布，并评估了生产生物乙醇的潜力，从而确定了一些潜在的盐生植物属，如盐角草属、碱蓬属、滨藜属、盐草属（*Distichlis*）等（Rozema and Flowers，2008；Abideen et al.，2011；Liu et al.，2012；Sharma et al.，2016）。

参考文献

陈叶，罗光宏，2002. 沙生植物中麻黄的利用价值及栽培技术［J］. 甘肃农业科技（4）：44-45.

程积民，杜峰，万惠娥，2000. 黄土高原半干旱区集流灌草立体配置与水分调控［J］. 草地学报（3）：210-219.

戴建良，王芳，何虎林，等 .1997. 侧柏不同种源对水分胁迫反应的初步研究——水分状况、电导率和叶萎蔫表现［J］. 甘肃林业科技（2）：1-6，13.

杜景周 .2006. 荒漠植物的水分生理特征与耐旱特性［J］. 甘肃科技（1）：169-170，173.

冯燕，王彦荣，胡小文，2011. 水分胁迫对幼苗期霸王叶片生理特性的影响［J］. 草业科学，28（4）：577-581.

冯缨，潘伯荣，2007. 新疆蒿类半灌木牧草资源分布及其饲用价值［J］. 干旱区资源与环境，21（3）：158-161.

葛瑶，栾明鉴，张雪楠，等，2021. 中国盐生植物分布与盐碱地类型的关系［J］. 齐鲁工业大学学报，

35（2）：14-20.

龚吉蕊，赵爱芬，张立新，等，2004. 干旱胁迫下几种荒漠植物抗氧化能力的比较研究［J］. 西北植物学报，24（9）：1570-1577.

顾峰雪，潘晓玲，2002. 中国西北干旱荒漠区盐生植物资源与开发利用［J］. 干旱区研究，19（4）：17-20.

贺金生，陈伟烈，1992. 对旱生植物、旱生形态、硬叶植物及硬叶常绿阔叶林概念的认识［J］. 植物杂志（5）：36-37.

贾晓红，李新荣，李元寿，等，2011. 腾格里沙漠东南缘白刺种群性状对沙埋的响应［J］. 生态学杂志，30（9）：1851-1857.

李富洲，陈少勇，林纾，2007. 甘肃黄土高原地区春旱指标研究［J］. 干旱区资源与环境，21（9）：89-92.

李吉跃，1991. 植物耐旱性及其机理［J］. 北京林业大学学报，13（3）：92-100.

李锦馨，2007. 地被菊在不同水分胁迫下生长状况研究［J］. 宁夏农林科技（2）：20-21，30.

李磊，贾志清，朱雅娟，等，2010. 我国干旱区植物抗旱机理研究进展［J］. 中国沙漠，30（5）：1053-1059.

栗茂腾，刘薇，甘露，等，2008. 药用旱生植物刺山柑的植物学特性研究进展［J］. 现代生物医学进展，8（11）：2194-2197，2178.

刘佳欣，张会龙，邹荣松，等，2023. 不同类型盐生植物适应盐胁迫的生理生长机制及 Na$^+$ 逆向转运研究进展［J］. 生物技术通报，39（1）：59-71.

刘家琼，1982. 我国荒漠不同生态类型植物的旱生结构［J］. 植物生态学与地植物学丛刊，6（4）：314-319，353-358.

刘彧，丁同楼，王宝山，2006. 不同自然盐渍生境下盐地碱蓬叶片肉质化研究［J］. 山东师范大学学报（自然科学版），21（2）：102-104.

刘志华，李建明，2006. 盐生植物的形态解剖结构特征［J］. 衡水学院学报，8（1）：86-88.

柳小妮，2002. 脱落酸与早熟禾的耐旱性［J］. 甘肃农业大学学报，37（3）：279-284.

马清，王锁民，2012. 多浆旱生植物霸王质膜 Na$^+$/H$^+$ 逆向转运蛋白基因 RNAi 载体构建［J］. 草业科学，29（4）：549-553.

马全林，刘世增，严子柱，等，2008. 沙葱的抗旱性特征［J］. 草业科学，25（6）：56-61.

马亚丽，王璐，刘艳霞，等，2015. 荒漠植物几种主要附属结构的抗逆功能及其协同调控的研究进展［J］. 植物生理学报，51（11）：1821-1836.

孟林，毛培春，张国芳，等，2008. 17个苜蓿品种苗期抗旱性鉴定［J］. 草业科学，25（1）：21-25.

任丽花，王义祥，翁伯琦，等，2005. 土壤水分胁迫对圆叶决明叶片含水量和光合特性的影响［J］. 厦门大学学报，44（S1）：28-31.

山仑，2002. 旱地农业技术发展趋向［J］. 中国农业科学，35（7）：848-855.

邸付菊，2007. 棉花抗逆相关基因的克隆与功能研究及低温胁迫下棉花蛋白质差异表达分析［D］. 武汉：华中师范大学.

王珺，2022. 旱作农田土壤改良技术的成效评价［J］. 种子科技，40（17）：114-117.

王少峡，王振英，彭永康，2004. DREB 转录因子及其在植物抗逆中的作用［J］. 植物生理学通讯，40（1）：7-13.

王晓雪，李越，张斌，等，2020. 干旱胁迫及复水对燕麦根系生长及生理特性的影响［J］. 草地学报，28（6）：1588-1596.

王勋陵，马骥，1999. 从旱生植物叶结构探讨其生态适应的多样性［J］. 生态学报，19（6）：787-792.

王勋陵，王静，1989. 植物形态结构与环境 [M]．兰州：兰州大学出版社．

吴彩霞，周志宇，庄光辉，等，2004. 强旱生植物霸王和红砂地上部营养物质含量及其季节动态 [J]．草业科学，21（3）：30-34.

杨海莉，2019. 小花碱茅对渗透胁迫与等渗透势盐胁迫的生理响应 [D]．兰州：兰州大学．

杨美娟，2005. 盐胁迫对中亚滨藜营养器官内部结构的影响及其盐囊泡发育过程研究 [D]．济南：山东师范大学．

杨鑫光，傅华，李晓东，2009. 干旱胁迫对霸王水分生理特征及细胞膜透性的影响 [J]．西北植物学报，29（10）：2076-2083.

于云江，史培军，鲁春霞，等．2003. 不同风沙条件对几种植物生理生态特征的影响 [J]．植物生态学报，27（1）：53-58.

袁芳，冷冰莹，王宝山，2015. 植物盐腺泌盐研究进展 [J]．植物生理学报，51：1531-1537.

张继澎，2006. 植物生理学 [M]．北京：高等教育出版社．

张乐，郭欢，包爱科，2019. 盐生植物的独特泌盐结构——盐囊泡 [J]．植物生理学报，55（3）：232-240.

张立宾，徐化凌，赵庚星，2007. 碱蓬的耐盐能力及其对滨海盐渍土的改良效果 [J]．土壤（2）：310-313.

张梦璇，2019. 滨海盐碱地不同白榆品系的耐盐性分析 [D]．泰安：山东农业大学．

张楠，张林生，邢媛，等，2012. 扁穗冰草脱水素基因的克隆和表达特性分析 [J]．草地学报，20（1）：139-145.

张铜会，赵哈林，常学礼，等．1999. 灌水对沙地草场几种植物生长的影响 [J]．中国沙漠，19（S1）：24-26.

张宪政，陈凤玉，王荣富，1994. 植物生理学实验研究技术 [M]．沈阳：辽宁科学技术出版社．

赵可夫，冯立田，2001. 中国盐生植物资源 [M]．北京：科学出版社．

赵可夫，李法曾，樊守金，等，1999. 中国的盐生植物 [J]．植物学通报，16（3）：201-207.

赵书艺，2016. 红砂响应盐和渗透胁迫的泌盐机制研究 [D]．兰州：兰州大学．

中国科学院兰州沙漠研究所，1985. 中国沙漠植物志：第一卷 [M]．北京：科学出版社．

周三，韩军丽，赵可夫，2001. 泌盐盐生植物研究进展 [J]．应用与环境生物学报，7（5）：496-501.

朱明，2011. 抗逆相关转录因子基因 GMDREB3 转录水平调控机制的分析 [D]．泰安：山东农业大学．

ABIDEEN Z, ANSARI R, GUL B, et al., 2012. The place of halophytes in Pakistan's biofuel industry [J]. Biofuels, 3 (2): 211-220.

ABIDEEN Z, ANSARI R, KHAN M A, 2011. Halophytes: potential source of lignocellulosic biomass for ethanol production [J]. Biomass and Bioenergy, 35 (5): 1818-1822.

ABIDEEN Z, HAMEED A, KOYRO H-W, et al., 2014. Sustainable biofuel production from non-food sources: An overview [J]. Emirates Journal of Food and Agriculture, 26 (12): 1057-1066.

ADAMS P, NELSON D E, YAMADA S, et al., 1998. Growth and development of *Mesembryanthemum crystallinum* (Aizoaceae) [J]. The New Phytologist, 138 (2): 171-190.

AGARIE S, SHIMODA T, SHIMIZU Y, et al., 2007. Salt tolerance, salt accumulation, and ionic homeostasis in an epidermal bladder-cell-less mutant of the common ice plant *Mesembryanthemum crystallinum* [J]. Journal of Experimental Botany, 58 (8): 1957-1967.

AKHTER J, MURRAY R, MAHMOOD K, et al., 2004. Improvement of degraded physical properties of a saline-sodic soil by reclamation with kallar grass (*Leptochloa fusca*) [J]. Plant and Soil, 258 (1): 207-216.

ALBERT R, PFUNDNER G, HERTENBERGER G, et al., 2000. The physiotype approach to understanding halophytes and xerophytes [M] //BRECKLE S - W, SCHWEIZER B, ARNDT U, Ergebnisse weltweiter ökologischer Forschung. Stuttgart: Verlag Günter Heimbach: 69 - 87.

ARISZ W H, CAMPHUIS I J, HEIKENS H, et al., 1955. The secrection of the salt glands of *Limonium latifolium* Ktze [J]. Acta Botanica Neerlandica, 4 (3): 322 - 338.

ARONSON J A, 1989. Haloph, a database of salt tolerant plants of the world [M]. Tucson: Office of Arid Land Studies, University of Arizona: 1 - 77.

AYALA F, O' LEARY J W, SCHUMAKER K S, 1996. Increased vacuolar and plasma membrane H$^+$ - ATPase activities in *Salicornia bigelovii* Torr. in response to NaCl [J]. Journal of Experimental Botany, 47 (294): 25 - 32.

BAISAKH N, RAMANARAO M V, RAJASEKARAN K, et al., 2012. Enhanced salt stress tolerance of rice plants expressing a vacuolar H$^+$ - ATPase subunit c1 (*SaVHAc1*) gene from the halophyte grass *Spartina alterniflora* Löisel. [J]. Plant biotechnology journal, 10 (4): 453 - 464.

BAO A, DU B, Touil L, et al., 2016. Co - expression of tonoplast Cation/H$^+$ antiporter (NHX) and H$^+$ - pyrophosphatase (H$^+$ - PPase) from xerophyte *Zygophyllum xanthoxylum* improves alfalfa plant growth under salinity, drought, and field conditions [J]. Plant Biotechnology Journal, 14: 964 - 975.

BAO A, WANG Y, XI J, et al., 2014. Co - expression of xerophyte *Zygophyllum xanthoxylum* ZxN-HX and ZxVP1 -1 enhances salt and drought tolerance in transgenic *Lotus corniculatus* by increasing cations accumulation [J]. Functional Plant Biology, 41: 203 - 214.

BARHOUMI Z, DJEBALI W, ABDELLY C, et al., 2008. Ultrastructure of *Aeluropus littoralis* leaf salt glands under NaCl stress [J]. Protoplasma, 233 (3 - 4): 195 - 202.

BARHOUMI Z, ABDALLAH A, NAJLA T, et al., 2015. Scanning and transmission electron microscopy and X - ray analysis of leaf salt glands of *Limoniastrum guyonianum* Boiss. under NaCl salinity [J]. Micron, 78: 1 - 9.

BARKLA B J, VERA - ESTRELLA R, CAMACHO - EMITERIO J, et al., 2002. Na$^+$/H$^+$ exchange in the halophyte *Mesembryanthemum crystallinum* is associated with cellular sites of Na$^+$ storage [J]. Functional Plant Biology, 29 (9): 1017 - 1024.

BARKLA B J, VERA - ESTRELLA R, PANTOJA O, 2012. Protein profiling of epidermal bladder cells from the halophyte *Mesembryanthemum crystallinum* [J]. Proteomics, 12 (18): 2862 - 2865.

BEN HASSINE A, GHANEM M E, BOUZID S, et al., 2008. An inland and acoastal population of the Mediterranean xero - halophyte species *Atriplex halimus* L. differ in their ability to accumulate proline and glycinebetaine inresponse to salinity and water stress [J]. Journal of Experimental Botany, 59 (6): 1315 - 1326.

BOHNERT H J, SHEN B, 1999. Transformation and compatible solutes [J]. Scientia Horticulturae, 78: 237 - 260.

BONALES - ALATORRE E, SHABALA S, CHEN Z H, et al., 2013. Reduced tonoplast fast - activating and slow - activating channel activity is essential for conferring salinity tolerance in a facultative halophyte, quinoa [J]. Plant Physiology, 162 (2): 940 - 952.

BOSE J, RODRIGO - MORENO A, SHABALA S, 2014a. ROS homeostasis in halophytes in the context of salinity stress tolerance [J]. Journal of Experimental Botany, 65 (5): 1241 - 1257.

BOSE J, RODRIGO - MORENO A, LAI D, et al., 2015. Rapid regulation of the plasm membrane H$^+$ - ATPase activity is essential to salinity tolerance in two halophyte species, *Atriplex lentiformis* and *Che-*

nopodium quinoa [J]. Annals of Botany, 115 (3): 481-494.

BOSE J, SHABALA L, POTTOSIN I, et al., 2014b. Kinetics of xylem loading, membrane potential maintenance, and sensitivity of K^+-permeable channels to reactive oxygen species: physiological traits that differentiate salinity tolerance between pea and barley [J]. Plant, Cell and Environment, 37 (3): 589-600.

BUSCAILL P, RIVAS S, 2014. Transcriptional control of plant defence responses [J]. Current Opinion in Plant Biology, 20: 35-46.

BöHM J, MESSERER M, MÜLLER H M, et al., 2018. Understanding the molecular basis of salt sequestration in epidermal bladder cells of *Chenopodium quinoa* [J]. Current Biology, 28 (19): 3075-3085.

CHATURVEDI A K, PATEL M K, MISHRA A, et al., 2014. The *SbMT-2* gene from a halophyte confers abiotic stress tolerance and modulates ROS scavenging in transgenic tobacco [J]. PLoS ONE, 9 (10): e111379.

CHENG C, LIU Y, LIU X, et al., 2019. Recretohalophyte *Tamarix TrSOS1* confers higher salt tolerance to transgenic plants and yeast than glycophyte soybean *GmSOS1* [J]. Environmental and Experimental Botany, 165: 196-207.

CLARKSON D T, HANSON J B, 1980. The mineral nutrition of higher plants [J]. Annual Review of Plant Physiology, 31: 239-298.

COLMER T D, FAN TERESAW-M, LÄUCHLI A, et al., 1996. Interactive effects of salinity, nitrogen and sulphur on the organic solutes in *Spartina alterniflora* leaf blades [J]. Journal of Experimental Botany, 47: 369-375.

CUIN T A, SHABALA S, 2005. Exogenously supplied compatible solutes rapidly ameliorate NaCl-induced potassium efflux from barley roots [J]. Plant and Cell Physiology, 46 (12): 1924-1933.

DASSANAYAKE M, LARKIN J C, 2017. Making plants break a sweat: the structure, function, and evolution of plant salt glands [J]. Frontiers in Plant Science, 8: 406.

EDELIST C, RAFFOUX X, FALQUE M, et al., 2009. Differential expression of candidate salt-tolerance genes in the halophyte *Helianthus paradoxus* and its glycophyte progenitors *H. annuus* and *H. petiolaris* (Asteraceae) [J]. American Journal of Botany, 96: 1830-1838.

ELLOUZI H, BEN HAMED K, CELA J, et al., 2011. Early effects of salt stress on the physiological and oxidative status of *Cakile maritima* (halophyte) and *Arabidopsis thaliana* (glycophyte) [J]. Physiologia Plantarum, 142 (2): 128-143.

FLOWERS T J, 1975. Halophytes [M] // BAKER D A, HALL J L. Ion transport in plant cells and tissues. New York: North Holland, Amsterdam-Oxford, American Elsevier: 309-334.

FLOWERS T J, 2004. Improving crop salt tolerance [J]. Journal of Experimental Botany, 55: 307-319.

FLOWERS T J, COLMER T D, 2008. Salinity tolerance in halophytes [J]. The New Phytologist, 179 (4): 945-963.

FLOWERS T J, GALAL H K, BROMHAM L, 2010. Evolution of halophytes: multiple origins of salt tolerance in land plants [J]. Functional Plant Biology, 37 (7): 604-612.

FLOWERS T J, HAJIBAGHERI M A, CLIPSON N J W, 1986. Halophytes [J]. The Quarterly Review of Biology, 61: 313-337.

FLOWERS T J, MUNNS R, COLMER T D, 2015. Sodium chloride toxicity and the cellular basis of salt tolerance in halophytes [J]. Annals of Botany, 115 (3): 419-431.

Na$^+$、K$^+$稳态平衡与植物耐盐抗旱性研究

FLOWERS T J, TROKE P F, YEO A R, 1977. The mechanism of salt tolerance in halophytes [J]. Annual Review of Plant Physiology, 28: 89 - 121.

FLOWERS T J, YEO A R, 1988. Ion relation of salt tolerance [M] // BAKER D A, HALL J L. Solute transport in plant cells and tissues. Harlow: Longman Scientific and Technical: 392 - 413.

FOOL M R, 1997. Genetic basis of physiological traits related to salt tolerance in tomato, *Lycopersicon esculentum* Mill. [J]. Plant Breeding, 116 (1): 53 - 58.

GAO T, GUO R, FANG X, et al., 2016. Effects on antioxidant enzyme activities and osmolytes in *Halocnemum strobilaceum* under salt stress [J]. Sciences in Cold and Arid Regions, 8 (1): 65 - 71.

GAXIOLA R A, PALMGREN M G, SCHUMACHER K, 2007. Plant proton pumps [J]. FEBS letters, 581 (12): 2204 - 2214.

GERHART V J, KANE R, GLENN E P, 2006. Recycling industrial saline waste - water for landscape irrigation in a desert urban area [J]. Journal of Arid Environments, 67 (3): 473 - 486.

GLENN E P, BROWN J J, O' LEARY J W, 1998. Irrigating crops with seawater [J]. Scientific American, 279: 76 - 81.

GLENN E P, BROWN J J, BLUMWALD E, 1999. Salt tolerance and crop potential of halophytes [J]. Critical Reviews in Plant Sciences, 18 (2): 227 - 255.

GOLLDACK D, DIETZ K J, 2001. Salt - induced expression of the vacuolar H$^+$ - ATPase in the common ice plant is developmentally controlled and tissue specific [J]. Plant Physiology, 125 (4): 1643 - 1654.

GORHAM J, WYN JONES R G, MCDONNELL E, 1985. Some mechanisms of salt tolerance in crop plants [M] // PASTERNAK D, SAN PIETRO A. Biosalinity in action: bioproduction with saline water. Dordrecht: Martinus Nijhoff Publishers: 15 - 40.

GRATTAN S R, BENES S E, PETERS D W, et al., 2008. Feasibility of irrigating pickleweed (*Salicornia bigelovii* Torr.) with hyper - saline drainage water [J]. Journal of Environmental Quality, 37: S149 - S156.

GREENWAY H, MUNNS R, 1980. Mechanisms of salt tolerance in nonhalophytes [J]. Annual Review of Plant Physiology, 31: 149 - 190.

GUL B, ABIDEEN Z, ANSARI R, et al., 2013. Halophytic biofuels revisted [J] Biofuels, 4 (6): 575 - 577.

GUO H, ZHANG L, CUI Y, et al., 2019. Identification of candidate genes related to salt tolerance of the secretohalophyte *Atriplex canescens* by transcriptomic analysis [J]. BMC Plant Biology, 19 (1): 213.

GUO Q, WANG P, MA Q, et al., 2012. Selective transport capacity for K$^+$ over Na$^+$ is linked to the expression levels of *PtSOS*1 in halophyte *Puccinellia tenuiflora* [J]. Functional Plant Biology, 39 (12): 1047 - 1057.

HAGMAN G, Wijkman A, Bendz M, et al., 1984. Prevention better than cure: Report on human and natural disasters in the third world [R]. Stockholm: Swedish Red Cross.

HAJIBAGHERI M A, YEO A R, FLOWERS T J, 1985. Salt tolerance in *Suaeda maritima* (L.) Dum. fine structure and ion concentrations in the apicalregion of roots [J]. The New Phytologist, 99 (3): 331 - 343.

HASANUZZAMAN M, NAHAR K, ALAM M M, et al., 2014. Potential use of halophytes to remediate saline soils [J]. BioMed Research International, 2014: 589341.

HASEGAWA P M, 2013. Sodium (Na$^+$) homeostasis and salt tolerance of plants [J]. Environmental and Experimental Botany, 92: 19 - 31.

56

HE F，BAO A，WANG S，et al.，2019. NaCl stimulates growth and alleviates drought stress in the salt -secreting xerophyte *Reaumuria soongorica* ［J］.Environmental and Experimental Botany, 162：433 – 443

HERMANDEZ – GRCIA C M，FINER J J，2014. Identification and validation of promoters and cis - acting regulatory elements ［J］.Plant science，217 – 218：109 – 119.

HIMABINDU Y，CHAKRADHAR T，REDDY M C，et al.，2016. Salt – tolerant genes from halophytes are potential key players of salt tolerance in glycophytes ［J］.Environmental and Experimental Botany, 124：39 – 63.

HÜTTERER F，ALBERT R，1993. An ecophysiological investigation of plants from a habitat in Zwingendorf (Lower Austria) containing Glauber's salt ［J］.Phyton – Annales Rei Botanicae，33：139 – 168.

ISHITANI M，MAJUMDER A L，BORNHOUSER A，et al.，1996. Coordinate transcriptional induction of myo – inositol metabolism during environmental stress ［J］.The Plant Journal，9（4）：537 – 548.

JARVIS D E，HO Y S，LIGHTFOOT D J，et al.，2017. The genome of *Chenopodium quinoa* ［J］. Nature，542（7641）：307 – 312.

JIANG Q，ZHANG J，GUO X，et al.，2009. Physiological characterization of transgenic alfalfa (*Medicago sativa*) plants for improved drought tolerance ［J］.International Journal of Plant Science，107（8）：969 – 978.

JOHNOSN H B，1975. Plant pubescence：An ecological perspective ［J］.The Botanical Review，41：233 – 258.

KANG J，ZHAO W，ZHENG Y，et al.，2017. Calcium chloride improves photosynthesis and water status in the C4 succulent xerophytes *Haloxylon ammodendron* under water deficit ［J］.Plant Growth Regulation，82（3）：467 – 478.

KATSCHNIG D，BLIEKB T，ROZEMAA J，et al.，2015. Constitutive high – level *SOS1* expression and absence of *HKT1*；1 expression in the salt – accumulating halophyte *Salicornia dolichostachya* ［J］. Plant science，234：144 – 154.

KENRICK P，CRANE P R，1997. The origin and early evolution of plants on land ［J］.Nature，389：33 – 39.

KHAN M A，UNGAR I A，1995. Biology of salt tolerant plants ［M］.Karachi：Department Of Botany, University Of Karachi.

KHAN M A，UNGAR I A，SHOWALTER A M，et al.，1998. NaCl – induced accumulation of glycinebetaine in four subtropical halophytes from Pakistan ［J］.Physiologia Plantarum，102（4）：487 – 492.

KOBAYASHI S，ABE N，YOSHIDA K T，et al.，2012. Molecular cloning and characterization of plasma membrane and vacuolar type Na^+/K^+ antiporters of an alkaline salt tolerant monocot *Puccinellia tenuiflora* ［J］.Journal of Plant Research，125（4）：587 – 594.

KOHL K I，1997. The effect of NaCl on growth，dry matter allocation and ionuptake in salt marsh and inland populations of *Armeria maritima* ［J］.The New Phytologist，135（2）：213 – 225.

LAN T，DUAN Y，WANG B，et al.，2011. Molecular cloning and functional characterization of a Na^+/H^+ antiporter gene from halophyte *Spartina anglica* ［J］.Turkish Journal of Agriculture and Forestry, 35：535 – 543.

LEACH R P，WHEELER K P，FLOWERS T J，et al.，1990. Molecular markers for ion compartmentation in cells of higher plants：II. Lipid composition of the tonoplast of the halophyte *Suaeda maritima* (L.) Dum. ［J］.Journal of Experimental Botany，41（230）：1089 – 1094.

LEVERING C A, THOMSON WW, 1971. The ultrastructure of the salt gland of *Spartina foliosa* [J]. Planta, 97 (3): 183 - 196.

LI K, PANG CH, DING F, et al. , 2012. Overex - pression of *Suaeda salsa* stroma ascorbate peroxidase in *Arabidopsis* [J], South African Journal of Botany, 78: 235 - 245.

LI W, WANG D, JIN T, et al. , 2011. The vacuolar Na$^+$/H$^+$ antiporter gene *SsNHX*1 from the halophyte *Salsola soda* confers salt tolerance in transgenic alfalfa (*Medicago sativa* L.) [J]. Plant Molecular Biology Reporter, 29: 229 - 278.

LIPHSCHITZ N, WAISEL Y, 1982. Adaptation of plants to saline environments: salt excretion and glandular structure [M] // SEN D N, RAJPUROHIT K S. Contributions to the ecology of halophytes. The Hague: Dr W. Junk Publishers: 197 - 214.

LIU J, ZHANG S, DONG L, et al. , 2014. Incorporation of Na$^+$/H$^+$ antiporter gene from *Aeluropus littoralis* confers salt tolerance in soybean (*Glycine max* L.) [J]. Indian Journal of Biochemistry & Biophysics, 51 (1): 58 - 65.

LIU L, WANG B, 2021. Protection of halophytes and their uses for cultivation of saline - alkali soil in China [J]. Biology, 10 (5): 353.

LIU L, FAN X, WANG F, et al. , 2013. Coexpression of *ScNHX1* and *ScVP* in transgenic hybrids improves salt and saline - alkali tolerance in alfalfa (*Medicago sativa* L.) [J]. Journal of Plant Growth Regulation, 32: 1 - 8.

LIU X, WANG C, SU Q, et al. , 2012. The potential resource of halophytes for developing bio - energy in China coastal zone [J]. Agriculture and Food Science Research, 1: 44 - 51.

LONGSTRETH D J, NOBEL P S, 1979. Salinity effects on leaf anatomy: consequences for photosynthesis [J]. Plant Physiology, 63 (4): 700 - 703.

MA Q, YUE L, ZHANG J, et al. , 2012. Sodium chloride improves photosynthesis and water status in the succulent xerophyte *Zygophyllum xanthoxylum* [J]. Tree Physiology, 32 (1): 4 - 13.

MA S, GONG Q, BOHNERT H J, 2006. Dissecting salt stress pathways [J]. Journal of Experimental Botany, 57: 1097 - 1107.

MA Y, ZHANG J, LI X, et al. , 2016. Effects of environmental stress on seed germination and seedling growth of *Salsola ferganica* (Chenopodiaceae) [J]. Acta Ecologica Sinica, 36 (6): 456 - 463.

MAATHUIS F J M, AHMAD I, PATISHTAN J, 2014. Regulation of Na$^+$ fluxes in plants [J]. Frontiers in Plant Science, 5: 467.

MAATHUIS F J M, FLOWERS T J, YEO A R, 1992. Sodium chloride compart - mentation in leaf vacuoles of the halophyte *Suaeda maritima* (L.) Dum. and its relation to tonoplast permeability [J]. Journal of Experimental Botany, 43 (9): 1219 - 1223.

MARCUM K B, MURDOCH C L, 1992. Salt tolerance of the coastal salt - marshgrass, *Sporobolus virginicus* (L.) Kunth [J]. The New Phytologist, 120 (2): 281 - 288.

MIKAMI K, MURATA N, 2003. Membrane fluidity and the perception of environmental signals in cyanobacteria and plants [J]. Progress in Lipid Research, 42 (6): 527 - 543.

NAKASHIMA K, YAMAGUCHI - SHINOZAKI K, 2005. Molecular studies on stress - responsive gene expression in *Arabidopsis* and improvement of stress tolerance in crop plants by regulon biotechnology [J]. Japan Agricultural Research Quarterly, 39 (4): 221 - 239.

NIO S A, LUDONG D P M, WADE L J, 2018. Comparison of leaf osmotic adjustment expression in wheat (*Triticum aestivum* L.) under water deficit between the whole plant and tissue levels [J]. Agriculture and Natural Resources，52（1）：33 – 38.

OHTA M，HAYASHI Y，NAKASHIMA A，et al.，2002. Introduction of a Na^+/H^+ antiporter gene from *Atriplex gmelini* confers salt tolerance to rice［J］. FEBS Letters，532（3）：279 – 282.

PAN Y，GUO H，WANG S，et al.，2016. The photosynthesis，Na^+/K^+ homeostasis and osmotic adjustment of *Atriplex canescens* in response to salinity［J］. Frontiers in Plant Science，7：848.

PARKS G E，DIETRICH M A，SCHUMAKER K S，2002. Increased vacuolar Na^+/H^+ exchange activity in *Salicornia bigelovii* Torr. in response to NaCl［J］. Journal of Experimental Botany，53（371）：1055 – 1065.

PEI S，FU H，WAN C，et al.，2006. Observations on changes in soil properties in grazed and nongrazed areas of Alxa desert steppe，Inner Mongolia［J］. Arid Land Research and Management，20（2）：161 – 175.

PENG Y，ZHU Y，MAO Y，et al.，2004. Alkali grass resists salt stress through high［K^+］and endodermis barrier to Na^+［J］. Journal of Experiment Botany，55（398）：939 – 949.

PRASHANTH S R，SADHASIVAM V，PARIDA A，2008. Over expression of cytosolic copper/zinc superoxide dismutase from a mangrove plant *Avicennia marina* in indica rice var Pusa Basmati – 1 confers abiotic stress tolerance［J］. Transgenic Research，17（2）：281 – 291.

QI Y，WANG F，ZHANG H，et al.，2010. Overexpression of suadea salsa *S* – adenosylmethionine synthetase gene promotes salt tolerance in transgenic tobacco［J］. Acta Physiologiae Plantarum，32：263 – 269.

QIAO W H，ZHAO X Y，LI W，et al.，2007. Overexpression of *AeNHX1*，a root – specific vacuolar Na^+/H^+ antiporter from *Agropyron elongatum*，confers salt tolerance to *Arabidopsis* and *Festuca plants*［J］. Plant Cell Reports，26：1663 – 1672.

RATAJCZAK R，RICHTER J，LÜTTGE U，1994. Adaptation of the tonoplast V – type H^+– ATPase of *Mesembryanthemum crystallinum* to salt stress，C3 – CAM transition and plant age［J］. Plant，Cell & Environment，17（10）：1101 – 1112.

RODRIGUEZ – NAVARRO A，RUBIO F，2006. High – affinity potassium and sodium transport systems in plants［J］. Journal of Experimental Botany，57（5）：1149 – 1160.

RODRÍGUEZ – ROSALES M P，GÁLVEZ F J，HUERTAS R，et al.，2009. Plant NHX cation/proton antiporters［J］. Plant Signaling & Behavior，4（4）：265 – 276

ROZEMA J，SCHAT H，2013. Salt tolerance of halophytes，research questions reviewed in the perspective of Saline agriculture［J］. Environmental and Experimental Botany，92：83 – 95.

SAGAR A D，KARTHA S，2007. Bioenergy and sustainable development［J］. Annual Review of Environment Resources，32：131 – 167.

SANADA Y，UEDA H，KURIBAYASHI K，et al.，1995. Novel light – dark change of proline levels in halophyte（*Mesembryanthemum crystallinum* L.）and glycophytes（*Hordeum vulgare* L. and *Triticum aestivum* L.）leaves and roots under salt stress［J］. Plant and Cell Physiology，36：965 – 970.

SHABALA S，CUIN T A，2008. Potassium transport and Plant Salt tolerance［J］. Physiologia Plantarum，133（4）：651 – 669.

SHABALA S，BOSE J，HEDRICH R，2014. Salt bladders：do they matter？［J］Trends in Plant Science，19（11）：687 – 691.

SHABALA S，MACKAY A，2011. Ion Transport in Halophytes［M］// TURKAN I. Plant responses to drought and salinity stress：Developments in a post – genomic era. New York：Academic Press：

151 – 199.

SHABALA S, POTTOSIN I, 2014. Regulation of potassium transport in plants under hostile conditions: implications for abiotic and biotic stress tolerance [J] . Physiologia Plantarum, 151 (3): 257 – 279.

SHARMA R, WUNGRAMPHA S, SINGH V, et al. , 2016. Halophytes as bioenergy crops [J]. Frontiers in Plant Science, 7: 1372.

SKELDING A D, WINTERBOTHAM J, 1939. The structure and development of the hydathodes of *Spartina townsendii* Groves [J] . The New Phytologist, 38 (1): 69 – 79.

STOREY R, WYN JONES R G, 1979. Responses of *Atriplex spongiosa* and *Suaeda monoica* to salinity [J] . Plant Physiology, 63 (1): 156 – 162.

SU Y, LOU W, LIN W, et al. , 2015. Model of cation transportation mediated by high – affinity potassium transporters (HKTs) in higher plants [J] . Biological Procedures Online, 17: 1.

SUI N, HAN G, 2014. Salt – induced photoinhibition of PS Ⅱ is alleviated in halophyte *Thellungiella halophila* by increases of unsaturated fatty acids in membrane lipids [J] . Acta Physiologiae Plantarum, 36: 983 – 992.

SUI N, LI M, LI K, et al. , 2010. Increase in unsaturated fatty acids in membrane lipids of *Suaeda salsa* L. enhances protection of photosystem Ⅱ under high salinity [J] . Photosynthetica, 48: 623 – 629.

SUN W, LI Y, ZHAO Y, et al. , 2015. The TsnsLTP4, a nonspecific lipid transfer protein involved in wax deposition and stress tolerance [J] . Plant Molecular Biology Reporter, 33: 962 – 974

SUN Y, LI F, SU N, et al. , 2010. The increase in unsaturation of fatty acids of phosphatidylglycerol in thylakoid membrane enhanced salt tolerance in tomato [J] . Photosynthetica, 48: 400 – 408.

SUÁREZ R, CALDERÓN C, ITURRIAGA G, 2009. Enhanced tolerance to multiple abiotic stresses in transgenic alfalfa accumulating trehalose [J] . Crop Science, 49 (5): 1791 – 1799.

TAN W, LIN Q, LIM T, et al. , 2013. Dynamic secretion changes in the salt glands of the mangrove tree species *Avicennia officinalis* in response to a changing saline environment [J] . Plant, Cell & Environment, 36 (8): 1410 – 1422.

TANG G, WEI L, LIU Z, et al. , 2012. Ectopic expression of peanut acyl carrier protein in tobacco alters fatty acid composition in the leaf and resistance to cold stress [J] . Biologia Plantarum, 56: 493 – 501.

TESTER M, DAVENPORT R, 2003. Na$^+$ tolerance and Na$^+$ transport in higher plants [J] . Annals of Botany, 91 (5): 503 – 527.

VAN ZELM E, ZHANG Y, TESTERINK C, 2020. Salt tolerance mechanisms of plants [J] . Annual Review of Plant Biology, 71: 403 – 433.

VERA – ESTRELLA R, BARKLA B J, GARCÍA – RAMÍREZ L, et al. , 2005. Salt stress in *Thellungiella halophila* activates Na$^+$ transport mechanisms required for salinity tolerance [J] . Plant Physiology, 139 (3): 1507 – 1517.

VOLKOV V, WANG B, DOMINY P J, et al. , 2003. *Thellungiella halophila*, a salt – tolerant relative of *Arabidopsis thaliana*, possesses effective mechanisms to discriminate between potassium and sodium [J]. Plant, Cell and Environment, 27 (1): 1 – 14.

VÉRY A, NIEVES – CORDONES M, DALY M, et al. , 2014. Molecular biology of K$^+$ transport across the plant cell membrane: What do we learn from comparison between plant species [J] . Journal of Plant Physiology, 171 (9): 748 – 769.

WANG B, LÜTTGE U, RATAJCZAK R, 2001. Effects of salt treatment and osmotic stress on V – ATPase and V – PPase in leaves of the halophyte *Suaeda salsa* [J] . Journal of Experimental Botany, 52

(365)：2355 - 2365.

WANG C, ZHANG J, LIU X, et al. , 2009. *Puccinellia tenuiflora* maintains a low Na$^+$ level under salinity by limiting unidirectional Na$^+$ influx resulting in a high selectivity for K$^+$ over Na$^+$ [J] . Plant, Cell and Environment, 32 (5)：486 - 496.

WANG P, GUO Q, WANG Q, et al. , 2015. PtAKT1 maintains selective absorption capacity for K$^+$ over Na$^+$ in halophyte *Puccinellia tenuiflora* under salt stress [J] . Acta Physiologiae Plantarum, 37：100.

WANG S, ZHAO G, GAO Y, et al. , 2004. *Puccinellia tenuiflora* exhibits stronger selective for K$^+$ over Na$^+$ than wheat [J] . Journal of Plant Nutrition, 27 (10)：1841 - 1857.

WANG S, ZHENG W, REN J, et al. , 2002. Selectivity of various types of salt - resistant plants for K$^+$ over Na$^+$ [J] . Journal of Arid Environment, 52 (4)：457 - 472.

WILSON H, MYCOCK D, WEIERSBYE I M, 2017. The salt glands of *Tamarix usneoides* E. Mey. ex Bunge (South African salt cedar) [J] . International Journal of Phytoremediation, 19 (6)：587 - 595.

WU G, FENG R, LIANG N, et al. , 2015. Sodium chloride stimulates growth and alleviates sorbitol - induced osmotic stress in sugar beet seedlings [J] . Plant Growth Regulation, 75 (1)：307 - 316.

YE C, ZHAO K, 2003. Osmotically active compounds and their localizationin the marine halophyte eelgrass [J] . Biologia Plantarum, 46：137 - 140.

YUAN F, LYU M A, LENG B, et al. , 2015. Comparative transcriptome analysis of developmental stages of the *Limonium bicolor* leaf generates insights into salt gland differentiation [J] . Plant, Cell &. Environment, 38 (8)：1637 - 1657.

ZAHOOR R, ZHAO W, ABID M, et al. , 2017. Potassium application regulates nitrogen metabolism and osmotic adjustment in cotton (*Gossypium hirsutum* L.) functional leaf under drought stress [J] . Journal of Plant Physiology, 215：30 - 38.

ZANELLA M, BORGHI G L, PIRONE C, et al. , 2016. β - amylase 1 (BAM1) degrades transitory starch to sustain proline biosynthesis during drought stress [J] . Journal of Experimental Botany, 67 (6)：1819 - 1826.

ZENG Y, WANG Y , BASKIN C C , et al. , 2014. Testing seed germination responses to water and salinity stresses to gain insight on suitable microhabitats for restoration of cold desert shrubs [J] . Journal of Arid Environments, 100 - 101：89 - 92.

ZHANG J L, SHI H, 2013. Physiological and molecular mechanisms of plant salt tolerance [J]. Photosynthesis Research, 115：1 - 22.

ZHANG W, YU X, LI M, et al. , 2018. Silicon promotes growth and root yield of *Glycyrrhiza uralersis* under salt and drought stresses through enhancing osmotic adjustment and regulating antioxidant metabolism [J] . Crop Protection, 107：1 - 11.

ZHAO F, WANG Z, ZHANG Q, et al. , 2006. Analysis of the physiological mechanism of salt - tolerant transgenic rice carrying a vacuolar Na$^+$/H$^+$ antiporter gene from *Suaeda salsa* [J] . Journal of Plant Research, 119 (2)：95 - 104.

ZHAO Y, ZHU Z, 2003. The endemic genera of desert region in t he centre of Asia [J] . Acta Botanica Yunnanica , 25 (2) ： 113 - 121 .

ZOU C, CHEN A, XIAO L, et al. , 2017. A high - quality genome assembly of quinoa provides insights into the molecular basis of salt bladder - based salinity tolerance and the exceptional nutritional value [J]. Cell Research, 27 (11)：1327 - 1340.

第四章
Na$^+$、K$^+$稳态平衡在抗逆中的重要作用

第一节　K$^+$的营养作用

一、植物中K$^+$的含量及其分布

作为植物生长发育所必需的矿质营养元素之一，K 通过植物根系自土壤中进入植物体内后，通常以 K$^+$ 或可溶性无机盐形式存在。K$^+$ 作为植物体内含量最丰富的一价阳离子，占植株总干重的 $2\%\sim10\%$（Leigh and Wyn Jones，1984）。受外界多种复杂环境因素的影响，植物体内 K$^+$ 浓度变化较大，液泡中 K$^+$ 浓度通常在 $10\sim300$ mmol/L，这主要是为了维持细胞膨压及渗透压稳定、平衡电荷、调节细胞水分状况、驱动细胞生长及运动。而为了能够给植物细胞中各种酶促反应提供最适的离子浓度，细胞质中 K$^+$ 浓度一般稳定保持在 $100\sim150$ mmol/L（Jordan‑Meille and Pellerin，2008）。另外，不同植物细胞器中的 K$^+$ 浓度也各不相同，例如，叶绿体中 K$^+$ 浓度在 $90\sim200$ mmol/L（Kunz et al.，2014），线粒体中的 K$^+$ 浓度则通常维持在 $100\sim130$ mmol/L（Fluegel and Hanson，1981；Marschner，1995a）。K$^+$ 浓度的相对稳态对维持植物细胞正常的生理代谢具有非常重要的意义。

二、K$^+$在植物生长发育中的重要功能

（一）K$^+$能够激活细胞酶促反应

植物细胞几乎每时每刻都在进行着大量的化学反应，这些化学反应通常需要不同种类的酶来催化，而酶的激活通常需要无机离子，尤其是阳离子。K$^+$ 不仅可以通过诱导细胞内许多酶构象的改变来促进这些酶的活性，还能够通过增强酶对底物的亲和力，来减小酶作用的 K_m 值，进而影响酶的作用效率（Evans and Wildes，1971）。此外，K$^+$ 还能够激活作为物质跨膜运输过程主要源动力的 H$^+$‑ATPase 活性。

（二）K$^+$能够促进氮素的利用及蛋白质的合成

在植物体内，K$^+$ 是与蛋白质合成相关的众多生理过程所必需的营养元素，例如，核

糖体和转运 RNA 的合成及结合、氨酰转运 RNA 的合成以及信使 RNA 的传递等。不仅如此，当植物细胞内 K$^+$ 供应较为充足时，植物细胞中可溶性氮素的吸收利用速度显著加快，进而合成更多的蛋白质；相反，当植物细胞中 K$^+$ 供应不足时，氮素的吸收利用速度则会减慢，而蛋白质的合成也会受到明显的抑制。因此，植物体内蛋白质合成较为丰富的组织器官与其他组织相比，其中的 K$^+$ 含量亦相对较高。

（三）K$^+$ 能够调节细胞膨压和渗透势

植物正常生长发育，离不开三大重要的生理活动，即光合作用、呼吸作用以及蒸腾作用。这些生理过程都需要植物与外界环境进行直接的气体交换，而植物通常通过气孔与外界环境进行气体交换。气孔由两个对称的保卫细胞构成，气孔的开闭主要由保卫细胞的膨压决定。K$^+$ 由于具有离子分子量小、半径小、水化膜大、可移动性强且在细胞中积累无毒害等特点，可以通过调节气孔保卫细胞渗透势的变化来调控气孔的开闭。当植物处于充足光照条件时，K$^+$ 通常就可以从植物叶片上的表皮细胞进入其邻近的保卫细胞中，使气孔保卫细胞的渗透势升高，这样保卫细胞就会吸水膨胀，进而使气孔开放；相反，当植物处于黑暗或 ABA 存在等条件下，气孔保卫细胞中的 K$^+$ 通常就会外流到其他组织细胞中，保卫细胞渗透势随之降低，细胞内的水分外排，进而导致保卫细胞体积缩小，最终使气孔关闭（Assmann，1993）。气孔运动在植物响应调节干旱胁迫的过程中起着重要作用。

另外，K$^+$ 具有能够调节植物细胞膨压和渗透势的功能，在植物体内物质长距离运输过程中，同样具有重要的生理意义。例如，在植物根系维管组织中，随着 K$^+$ 从植物根部的薄壁组织细胞进入木质部细胞中，植物木质部细胞的渗透势就会升高而水势降低，导致水分从植物根系其他组织向木质部组织的装载，以供其正常的向上运输，从而保证植物地上部分组织对水分的需求。

（四）K$^+$ 能够参与植物的光合作用

K$^+$ 可以从多方面影响植物光合作用。一方面，K$^+$ 调节气孔开闭，影响植物的光合气体交换。另一方面，K$^+$ 参与调节类囊体膜上跨膜质子梯度的建立。研究发现，K$^+$ 可以通过协助细胞中 H$^+$ 进入植物叶绿体的类囊体组织，进而参与植物细胞跨膜质子梯度的建立（Tester and Blatt，1989）。此外，研究发现，当植物中 K$^+$ 供应不足时，叶绿素的合成也会受阻，植物的光合作用也随之显著地受到抑制，进而影响植物正常的生长发育。同时，K$^+$ 在植物光合碳同化过程中同样能够发挥重要的作用，即当外界 K$^+$ 浓度提高到 100 mmol/L 时，CO$_2$ 的固定速率就可以提高 3 倍以上；相反，当植物细胞中 K$^+$ 的供应不足时，CO$_2$ 的固定速率就会受到严重抑制，从而使植物的光合作用效率显著降低（Pier and Berkowitz，1987）。

（五）K$^+$ 能够调节木质部、韧皮部的运输

据报道，K$^+$ 能影响植物木质部和韧皮部 C 与 N 的运输比例。同时，K 也能促使水以及有机和无机溶质流向木质部，增加木质部组织的渗透势，并且也能平衡木质部转运的阴离子（Baker and Weatherley，1969；Mengel and Simic，1973；Rufty et al.，1981）。K$^+$

对于木质部与筛管内的薄壁组织之间的 pH、膜电位以及渗透势梯度的维持具有重要作用，而这些正是木质部装载与转运所必需的条件（Marschner，1995b；Mengel and Haeder，1977）。当环境中 K$^+$ 的供应相对充足时，甘蔗光合作用的产物就能够被快速地通过其韧皮部组织从源转运到其他组织器官中以供利用；相反，当土壤中 K$^+$ 的供应相对不足时，运输速率就会显著减慢（Hartt，1970）。在小麦中，外界 K$^+$ 的供应状况与其韧皮部组织中可溶性氨基酸的转运同样存在关联（Mengel et al.，1981）。

（六）K$^+$ 能够维持细胞电荷平衡、膜电位

在植物体营养物质的转运、有机酸的代谢过程中，需要形成和转运大量阴离子。而作为植物体内含量最高的阳离子，K$^+$ 能够在这些阴离子的产生以及运输过程中维持细胞内的电荷平衡（Dreyer and Uozumi，2011）。研究发现，当植物细胞中带负电的 NO$_3^-$ 被大量还原成 NH$_4^+$ 后，植物中 K$^+$ 所参与的有机酸的代谢反应就会显著加强，进而合成大量的苹果酸根，代替 NO$_3^-$ 等阴离子，以平衡植物细胞的电荷，最终保证植物细胞能够进行正常的生理活动（Blevins et al.，1978；Kirkby and Armstrong，1980）。

另外，由于植物细胞膜对于 K$^+$ 的通透性大于其他离子，细胞内外的 K$^+$ 浓度差会对细胞电位产生影响。高水平的胞外 K$^+$ 浓度，能引起细胞膜的去极化，而低水平的 K$^+$ 浓度则会引起细胞膜的超极化（Amtmann et al.，2005）。

三、植物缺 K/过度吸收 K 后的症状

缺 K 会导致植株矮小，根、茎纤细，抑制侧芽形成，导致植物机械组织不发达，叶尖和叶边缘坏死，叶表面斑驳失绿，叶身焦枯卷缩变褐色，这种症状从下部的成熟叶片开始，向幼嫩的叶片扩展，出现这种症状的原因是 K 的再利用性高，植株接收到缺 K 信号后，成熟叶片的 K 会流向幼嫩组织，所以一般老叶会先出现症状，但当 K 严重缺乏时，幼叶也会出现类似于老叶的症状。缺 K 不仅影响植物的营养生长还会影响其生殖生长，K 的缺乏使得植物个头小、着色不良、果肉木质化且口感不佳、种子小且数量少。缺 K 同时也会使蛋白质合成受阻，使叶内积累氨，引起叶片等组织因中毒而产生缺绿斑点，叶尖、叶缘呈烧焦状态，甚至干枯、死亡。总体而言，缺 K 使得植物自身抗逆能力减弱，容易遭受生物和非生物胁迫的干扰，不利于植物生殖器官的发育和产物的形成，使植物出现早衰、减产、降质等情况。

植物过度吸收 K 之后会出现叶片坏死、果实表面变糙等症状，会影响果实产量、硬度以及缩短储藏时间。K 过量还会阻碍 N、Mg、Ca 等元素的吸收，引发缺 Mg 的症状。过量施用 K 会削弱植物的生长及生产能力，使之生长缓慢。

第二节　Na$^+$ 的毒害作用

在地壳中，Na 元素含量位列第六，约占总元素的 2.8%。在海洋中，Na$^+$ 含量仅次于 Cl$^-$，相比而言，陆地环境中 Na$^+$ 的浓度要远远低于海洋环境中 Na$^+$ 浓度。在陆地上，

因环境、位置以及气候的差异，Na$^+$浓度存在着很大的差异，如滨海地区因潮汐现象引起的海水倒灌，导致海水中的盐滞留到陆地上，使得滨海地区 Na$^+$浓度远高于其他地区；降水量有限且蒸发量大的地区因蒸发强度大会将地下的 Na$^+$带到地表，长此以往的积累使得盐浓度增加（Kronzucker et al，2013）。

植物对 Na 的需求因生存环境的不同存在着很大的差异，且不说海洋植物和陆地植物体内 Na$^+$的浓度差异不能相提并论，单就陆地植物而言，因生长环境及物种间的差异，植物间对 Na$^+$的需求及耐受力不尽相同。众所周知，Na$^+$有利于藻类和蓝藻的生长，但对绝大多数高等植物而言，过量 Na$^+$是离子毒害。对于大多数植物，低浓度的 Na$^+$对植物有益，高浓度的 Na$^+$会导致植物中毒，但也有极少数陆地植物，即盐生植物，拥有对高浓度 Na$^+$的耐受力，并在不超过其耐受范围时正常生长。而且，Na$^+$也是造成植物盐害及产生盐渍生境的主要离子，比如正常生长的小麦各器官中，Na$^+$含量以根系最高，叶片最低，而在 0.2%～1.0%的 NaCl 胁迫下，其 Na$^+$含量以茎内最高，叶片最低，并且在 0.2%～0.8%的 NaCl 浓度下，小麦对 Na$^+$的吸收超过这一阈值，小麦的生理活性和对 Na$^+$的主动吸收能力降低。盐胁迫下，玉米地上部和根部 Na$^+$含量增加，根部 Na$^+$含量明显高于地上部。作物在盐胁迫下对盐分离子的分隔作用不仅体现在地上部和地下部，而且还体现在不同的器官组织，甚至细胞及亚细胞水平上。耐盐品种能使有害离子更有效地滞留于液泡中，得以维持更稳定的细胞质代谢环境。有研究证明，小麦耐盐性低于玉米，因为小麦叶肉细胞液泡中的 Na$^+$浓度较低，而细胞质、叶绿体和细胞壁中的 Na$^+$浓度较高；盐处理玉米中，Na$^+$主要分布在根皮层细胞的液泡中，而小麦根皮层细胞的液泡中 Na$^+$浓度较低。盐胁迫下，水稻、大麦、小麦等作物向地上部输送的 Na$^+$较少，留存于根部的 Na$^+$较多，从而维持地上部较低的 Na$^+$含量。而在果蔬作物中，盐胁迫下，Na$^+$会大量进入细胞，细胞内 Na$^+$增加，而 K$^+$外渗，使 Na$^+$／K$^+$比增大，从而打破原有的离子平衡，当 Na$^+$／K$^+$比增大到阈值时，植物就会受害。一般来说，土壤溶液浓度超过 0.3%时，就会对蔬菜养分和水分的吸收产生明显的阻碍作用，导致蔬菜营养不平衡，从而影响产量和品质。在对经济作物的研究中发现，棉花的耐盐性较强，但当盐分浓度大于 0.2%时，就会对棉株产生离子毒害和渗透胁迫，而且盐分浓度越高，伤害越大。

Na$^+$对植物的危害主要有以下两方面。一方面是毒害作用，当植物吸收过多的 Na$^+$时，其细胞膜的结构和功能会被改变。主要原因是当植物细胞中的 Na$^+$浓度过高时，细胞膜上原有的 Ca^{2+}会被 Na$^+$取代，导致细胞膜上出现微孔、膜泄漏以及细胞中离子类型和浓度的变化，核酸和蛋白质的合成和分解平衡被破坏，植物的生长发育受到严重影响。同时，盐在细胞中大量积累会引起原生质的凝聚，造成叶绿素破坏，光合作用速率急剧下降。此外，淀粉会被分解，导致保卫细胞中的糖分增加，膨压增加，最终导致气孔扩张和大量水分流失。这些危害将导致植物死亡。另一方面是增加土壤的渗透压，使植物难以吸收水分，因此，植物体内严重缺水，无法进行光合作用和新陈代谢，同时，导致细胞脱水和植物枯萎，最终导致植物死亡。当然也有研究表明，Na$^+$对植物很多重要的生理过程（如光合作用、蒸腾作用、活性氧产生）及生长和产量等方面的影响被认为是下游效应，而不是毒害的原发诱因。当 Na$^+$突然以高浓度出现时，会引起植物的渗透势发生改变，从而破坏根或地上部的膜完整性（Coskun et al.，2013；Britto et al.，2010）。盐的积累与普通小麦（*Triticum aestivum*）的生长呈负相关。然而，不同品种的小麦对盐的积累表现出巨大差异。此外，对不同基因型的小麦进行的研究发现，Na$^+$外排与耐盐性之间并没有很强的相关性（Schachtman and Munns，1992；Munns and James，2003；Møller et al.，2009）。在玉米和水稻中也发现类似的结论。在玉米中，Na$^+$的流入和积累的速度与毒性成正比，但在杂交玉米品种中，毒性则与耐盐性无关（Genc et al.，2007）。对水稻的研究也支持这一观点，在盐敏感品种中，盐胁迫处理期间，地上部的Na$^+$浓度仅有微小变化（Yeo et al.，1990）。有研究者据此认为，水稻中Na$^+$毒性的主要原因可能是由于叶片质外体Na$^+$增加引起的渗透胁迫（Krishnamurthy et al.，2011）。

第三节　Na$^+$的有益性

Na$^+$虽然常常被认为对植物而言是毒性离子，但从物理化学的角度来看，Na$^+$有着和K$^+$相似的化学性质。在植物液泡中，Na$^+$可作为一种渗透剂，调节渗透势，以保持细胞内外离子稳态。越来越多的研究发现，在一定范围内，Na$^+$对一些植物是有益的，如藜科植物菠菜（*Spinacia oleracea*）、甜菜（*Beta vulgaris*）等。这类植物将Na$^+$作为有益渗透调节物质，将Na$^+$积累在液泡中，建立液泡中的溶质势，维持渗透势，从而调节植物的水分平衡，促进逆境下植物生长；此外，Na$^+$也能调节气孔开闭，促进细胞伸展，增加叶面积及单位面积的气孔数。当外界K$^+$供应充足时，Na$^+$仍可促进藜科植物生长（Subbarao et al.，2003）。在甜菜中，Na$^+$替代了植物体内95％的K$^+$却没有产生负面的影响（Subbarao et al.，1999），因此Na$^+$在一定程度上，可以代替K$^+$的渗透调节功能（Shabala and Mackay，2011；Gattward et al.，2012）。但是，K$^+$的非渗透功能不易被替代，从生化功能的角度来分析，K$^+$被认为是蛋白质合成（Hall and Flowers，1973）和氧化磷酸化（Flowers，1974）所必需的离子，而在甜土植物和盐生植物中，Na$^+$会抑制蛋白质合成和氧化磷酸化（Greenway and Osmond，1972）。此外，Na$^+$的有益作用还体现在它是一种强大的细胞激活剂，与植物接触后能迅速渗透到植物体内，促进细胞原生质的流动，有提高细胞活力，打破休眠，加速生根，促进生长发育，提高作物抗病、抗虫、抗旱、抗寒、抗盐碱、抗倒伏能力，防止落花落果等。一些盐生植物，如澳洲囊状盐蓬（*Atriplex vesicaria*）的生长必需Na$^+$；C4植物、景天科酸代谢（CAM）植物亦必需Na$^+$。Na$^+$对甜菜、甘蔗等作物的产量与含糖量都有明显增效作用。在缺Na$^+$条件下生长的C4植物，其叶片会出现失绿症与坏死现象，产量下降。研究认为，Na$^+$参与光合代谢产物在叶肉细胞和维管束鞘细胞之间的往返，提高C4植物对周围低浓度CO$_2$的利用。Na$^+$的其他有益作用还在于它能部分替代K$^+$，影响淀粉合成酶的活性，有利于可溶性碳水化合物含量的提高及向库的韧皮部运输。Na$^+$能增加植物根和地上部的生物量和产量，除此以外，大多研究集中在容易观察的变化方面，如绿叶的增加、营养不良（如萎黄病和坏死）症状的减轻、由表皮蜡质增加引起的叶片光泽的改善等（Harmer and Benne，1945；Brownell and Crossland，1972）。也有研究显示，适量Na$^+$可改善作物的口感和质地（Truog et al.，1953；Zhang et al.，2010）。

还有研究表明，Na$^+$可促进C4植物中丙酮酸向叶绿体的转运（Ohnishi et al.，1990；

Furumoto et al.，2011)，丙酮酸在 C4 植物光合作用中极其重要，在许多重要的生物化学过程（如脂肪酸的合成和类异戊二烯的代谢）中也发挥重要作用。此外，丙酮酸作为糖酵解的最终产物，可以用于区分初级和次级代谢过程（Schwender et al.，2004）。对 C3 和 C4 植物的综合转录组分析显示，C4 植物中存在 Na^+ 转运蛋白家族蛋白 2（BASS2），该蛋白参与丙酮酸进入叶绿体的过程。在叶绿体中缺乏丙酮酸摄取活性的 *atbass2* 突变体中进一步证实了这一观点（Furumoto et al.，2011）。

第四节 Na^+、K^+ 平衡的重要性

Na^+ 是造成植物盐害及产生盐渍生境的主要离子，K^+ 是植物生长发育所必需的大量元素和重要的渗透调节物质。植物体内 Na^+、K^+ 平衡对植物生长和抵御逆境胁迫起着重要的作用。植物细胞内适宜的 K^+/Na^+ 比对植物的生长发育起着至关重要的作用，并且细胞内的 K^+/Na^+ 比与植物体抵御盐胁迫的能力有着非常重要的联系（Niu et al.，1995；Chen et al.，2007b）。因此，在植物生长发育过程中，维持细胞内较高的 K^+/Na^+ 比对植物的正常生长尤为重要（Shabala et al.，2006）。

首先，植物细胞中 Na^+ 含量升高，会导致细胞内膨压下降；其次，细胞间溶质的浓度也会随着细胞内 Na^+ 含量的上升而升高，而以上两种危害最终导致植物细胞内的水分向外输送，从而使细胞发生严重失水（Lichtenthaler，1996）。除此之外，由于 K^+ 和 Na^+ 的水合离子半径比较接近，在 Na^+ 含量比较高的情况下，会影响植物体通过离子通道吸收 K^+ 的效率，所以在盐胁迫下往往会出现 Na^+ 含量升高，K^+ 吸收急剧降低的情况（Schachtman and Liu，1999），因此在植物生长发育过程中，细胞内适宜的 Na^+/K^+ 含量，对于植物细胞进行正常的生理生化反应尤为重要（Carden et al.，2003；Dieter and Wolf，1988）。而且在盐胁迫条件下，细胞内的 Na^+ 浓度显著增加，会抑制细胞膜对 K^+ 的吸收，而平衡的 Na^+/K^+ 比在气孔开闭、蛋白质合成、细胞渗透调节、光合作用酶的激活等过程中发挥着重要作用，因此，在盐胁迫下维持低 Na^+/K^+ 比较单纯地维持低 Na^+ 浓度更为重要（Shabala et al.，2002；赵春梅等，2012）。不仅如此，在 NaCl 胁迫下，K^+/Na^+ 比是一个组织水平上重要的耐盐指标，一般来说，K^+/Na^+ 比越高，植株耐盐性越强（Genc et al.，2007；Chen et al.，2007a）；而 K^+/Na^+ 比降低是盐胁迫下植物细胞内离子平衡遭到破坏的一个典型指标（Tahal et al.，2000），由此可见，K^+/Na^+ 比已经成为衡量植物耐盐性的重要指标之一。

第五节 Na^+、K^+ 在植物体内的稳态平衡过程

维持离子平衡对植物的耐盐性而言是至关重要的，盐离子的积累有助于降低细胞的渗透势，但却加剧了植物的离子毒害和氧化应激。因此，植物能否具有耐盐性在很大程度上取决于植物能否维持自身的离子平衡。K 是植物生长过程中的必需元素，影响着植物对水分的吸收、光合作用和转化酶的活性。但在土壤中，K^+ 的供应常常是不足的，而且当土壤中有过多的 Na^+ 时，由于 Na^+ 和 K^+ 水合离子半径相似，Na^+ 竞争 K^+ 的吸收位点，

从而影响植物细胞内 Na$^+$、K$^+$ 平衡（Schachtman，2000）。盐胁迫下给植物施 K 可以维持植物细胞 Na$^+$、K$^+$ 稳态，减少由盐胁迫引起的不利影响（Kavitha et al.，2012）。因此，为保障植物正常生长，K$^+$ 的吸收和转运也变得尤为重要。通过调节一些参与 K$^+$ 吸收和转运的蛋白以及控制细胞 Na$^+$ 吸收的蛋白的活性以及转录水平，可以提高 K$^+$/Na$^+$ 比，维持细胞离子稳态，提高植物耐盐性（Wu et al.，2015）。由于液泡中 Na$^+$ 的积累不会对细胞产生毒害（Munns and Tester，2008），植物也会将 Na$^+$ 区域化至液泡或者将 Na$^+$ 排出细胞（Blumwald et al.，2000）以减少 Na$^+$ 对植株的伤害（Binzel et al.，1988）。植物这种适应盐胁迫的机制是通过多种耐盐基因之间的相互作用和反馈调节来完成的（Zhao et al.，2017；Zhang et al.，2017）。而且植物通过调节 K$^+$、Na$^+$ 含量及比例来适应盐胁迫是一种常见的耐盐机制。海霞等（2019）研究发现，在碱性盐胁迫下，燕麦地上部分 K$^+$ 含量逐渐减少，而 Na$^+$ 含量逐渐增加。萨如拉等（2014）研究碱性盐胁迫对燕麦矿质离子吸收与分配的影响时，也得到了相似的结果。张慧军等（2021）研究发现转小麦 *TaNHX2* 基因的棉花在盐胁迫后 Na$^+$ 含量降低，光合速率提高，从而增强了转基因棉花的耐盐性。这些研究结果表明，在盐胁迫下，维持 K$^+$、Na$^+$ 动态平衡十分重要。因而，通过调控盐胁迫下 K$^+$ 和 Na$^+$ 离子转运蛋白以从整株水平调控离子动态平衡是重要的提高作物耐盐性的手段。Na$^+$ 不仅会阻断根对 K$^+$ 的吸收，当进入细胞且积累到较高浓度时，还会对细胞质中的酶产生毒害作用（Hasegawa et al.，2000）。为了预防生长中止或细胞死亡，多余的 Na$^+$ 将被挤出细胞或隔离到液泡中。植物细胞不像动物细胞，没有 Na$^+$ - ATPases 或 Na$^+$ - K$^+$ - ATPases，因此植物细胞仅能依赖 H$^+$ - ATPases 和 H$^+$ -焦磷酸酶产生质子动力，以推动 K$^+$、Na$^+$ 等离子的运输和新陈代谢。CPA（cation - proton antiporter，阳离子-质子反向转运体）是一种特殊的高亲和性转运蛋白，可将细胞中的阳离子（K$^+$、Na$^+$、Li$^+$）排出，并引起质子的内流及在细胞内的积累，维持细胞 K$^+$ 和 H$^+$ 的动态平衡（Chanroj et al.，2011）。植物 CPA 包括 3 个成员：CHX（Cation - H$^+$ exchanger）、KEA（K$^+$ - H$^+$ exchanger）和 NHX（Na$^+$ - H$^+$ exchanger）（Bassil and Blumwald，2014）。植物 KEA 蛋白在面对非生物胁迫（缺 K、低 K、高 K）时会介导 K$^+$ 的吸收和转运（郭力，2021）。研究表明，三七 *PnKEA4* 基因受高 K$^+$（25 mmol/L）胁迫诱导表达，呈现出叶＞茎＞根的表达模式，该基因可能参与调节植物叶片中 K$^+$、H$^+$ 转运，从而维持植物体内 K$^+$ 的动态平衡（Kunz et al.，2014）。

植物保持细胞内较高的 K$^+$ 含量及较高的 K$^+$/Na$^+$ 比可减轻盐对组织器官的危害，以维持机体正常活动（Bowler and Fluhr，2000）。但由于 Na$^+$ 和 K$^+$ 具有相近的水合能和离子半径，某些植物在 K$^+$ 供应不足时适量吸收 Na$^+$ 来代替 K$^+$ 行使营养功能，如作为液泡中可选择的无机渗透剂来促进植物的生长（Galeev，1990）。Na$^+$ 在渗透调节中的作用要强于 K$^+$，在逆境胁迫下起主要的渗透调节作用（Wang et al.，2004），从而使植物在干旱逆境下表现出很强的抗旱性。

参考文献

郭力，2021. 小鼠耳芥 KEA 和 NHX 基因家族的鉴定、进化和表达特征分析 [D]. 石河子：石河子大学：30-40.

萨如拉，刘景辉，刘伟，等，2014. 碱性盐胁迫对燕麦矿质离子吸收与分配的影响 [J]．麦类作物学报，34（2）：261-266.

张慧军，张万科，俞嘉宁，等，2021. 过量表达 *TaNHX2* 基因提高转基因棉花的抗旱耐盐性 [J]．东北农业科学，46（1）：31-35，71.

赵春梅，崔继哲，金荣荣，2012. 盐胁迫下植物体内保持高 K$^+$/Na$^+$ 比率的机制 [J]．东北农业大学学报，43（7）：155-160.

AMTMANN A, HAMMOND J P, ARMENGAUD P, 2005. Nutrient sensing and signalling in plants： potassium and phosphorus [J]．Advances in Botanical Research，43：209-257.

ASSMANN S M, 1993. Signal transduction in guard cells [J]．Annual Review of Cell Biology，9：345-375.

BAKER D A, WEATHERLEY P E, 1969. Water and solute transport by exuding root systems of *Ricinus communis* [J]．Journal of Experimental Botany，20（3）：485-496.

BASSIL E, BLUMWALD E, 2014. The ins and outs of intracellular ion homeostasis：NHX-type cation / H$^+$ transporters [J]．Current Opinion in Plant Biology，22：1-6.

BINZEL M L, HESS F D, BRESSAN R A, et al., 1988. Intracellular compartmentation of ions in salt a-dapted tobacco cells [J]．Plant Physiology，86（2）：607-614.

BLEVINS D G, BARNETT N M, FROST W B, 1978. Role of potassium and malate in nitrate uptake and translocation by wheat seedlings [J]．Plant Physiology，62（5）：784-788.

BLUMWALD E, AHARON G S, APSE M P, 2000. Sodium transport in plant cells [J]．Biochimica et Biophysica Acta（BBA）- Biomembranes，1465（1-2）：140-151.

BOWLER C, FLUHR R, 2000. The role of calcium and activated oxygens as signals for controlling cross-tolerance [J]．Trends in Plant Science，5（6）：241-246.

BRITTO D T, EBRAHIMI-ARDEBILI S, HAMAM A M, et al., 2010. 42K analysis of sodium-in-duced potassium efflux in barley：mechanism and relevance to salt tolerance [J]．The New Phytologist，186（2）：373-384.

BROWNELL P F , CROSSLAND C J, 1972. The requirement for sodium as a micronutrient by species having the C4 dicarboxylic photosynthetic pathway [J]．Plant Physiology，49（5）：794-797.

CARDEN D E, WALKER D J, FLOWERS T J, et al., 2003. Single-cell measurements of the contribu-tions of cytosolic Na$^+$ and K$^+$ to salt tolerance [J]．Plant Physiology，131（2）：676-683.

CHANROJ S, LU Y, PADMANABAN S, et al., 2011. Plant-specific cation/H$^+$ exchanger 17 and its homologs are endomembrane K$^+$ transporters with roles in protein sorting [J]．The Journal of Biological Chemistry，286（39）：33931-33941.

CHEN Z, POTTOSIN I I, CUIN T A, et al., 2007a. Root plasma membrane transporters controlling K$^+$/Na$^+$ homeostasis in salt-stressed barley [J]．Plant Physiology，145（4）：1714-1725.

CHEN Z, ZHOU M, NEWMAN IA , et al., 2007b. Potassium and sodium relations in salinised barley tissues as a basis of differential salt tolerance [J]．Functional Plant Biology，34（2）：150-162.

COSKUN D, BRITTO D T, LI M, et al., 2013. Capacity and plasticity of potassium channels and high-affinity transporters in roots of barley and Arabidopsis [J]．Plant Physiology，162（1）：496-511.

DIETER J W and WOLF O, 1988. Effect of NaCl salinity on growth, development, ion distribution, and ion translocation in castor bean（*Ricinus communis* L.）[J]．Journal of Plant Physiology，132（1）：45-53.

DREYER I, UOZUMI N, 2011. Potassium channels in plant cells [J]. The FEBS Journal, 278 (22): 4293-4303.

EVANS H J, WILDES R A, 1971. Potassium and its role in enzyme activation [M] //EVANS H J, WILDES R A. Potassium in biochemistry and physidogy. Berne: Proceedings of 8th International Potash Institute. 13-39.

FLOWERS T J, 1974. Salt tolerance in *Suaeda maritima* (L.) Dum.: a comparison of mitochondria isolated from green tissues of suaeda and pisum [J]. Journal of Experimental Botany, 25 (1): 101-110.

FLUEGEL M J, HANSON J B, 1981. Mechanisms of passive potassium influx in corn mitochondria [J]. Plant Physiology, 68 (2): 267-271.

FURUMOTO T, YAMAGUCHI T, OHSHIMA-ICHIE Y, et al., 2011. A plastidial sodium-dependent pyruvate transporter [J]. Nature, 476 (7361): 472-475.

GALEEV R R, 1990. Application of sodium humate to potatoes [J]. Kartofel' i Ovoshchi (2): 12-13.

GATTWARD J N, ALMEIDA A A F, SOUZA J O, et al., 2012. Sodium-potassium synergism in Theobroma cacao: stimulation of photosynthesis, water-use efficiency and mineral nutrition [J]. Physiologia Plantarum, 146 (3): 350-362.

GENC Y, MCDONALD G K, TESTER M, 2007. Reassessment of tissue Na$^+$ concentration as a criterion for salinity tolerance in bread wheat [J]. Plant, cell & environment, 30 (11): 1486-1498.

GREENWAY H, OSMOND C B, 1972. Salt responses of enzymes from species differing in salt tolerance [J]. Plant Physiology, 49 (2): 256-259.

HALL J L, FLOWERS T J, 1973. The effect of salt on protein synthesis in the halophyte *Suaeda maritima* [J]. Planta, 110 (4): 361-368.

HARMER P M, BENNE E J, 1945. Sodium as a crop nutrient [J]. Soil Science, 60 (2): 137-148.

HARTT C E, 1970. Effect of potassium deficiency upon translocation of C in detached blades of sugarcane [J]. Plant Physiology, 45 (2): 183-187.

HASEGAWA P M, BRESSAN R A, ZHU J K, et al., 2000. Plant cellular and molecular responses to high salinity [J]. Annual review of plant physiology and plant molecular biology, 51 (1): 463-499.

JORDAN-MEILLE L, PELLERIN S, 2008. Shoot and root growth of hydroponic maize (*Zea mays* L.) as influenced by K deficiency [J]. Plant and Soil, 304 (1/2): 147-168.

KAVITHA P G, MILLER A J, MATHEW M K, et al., 2012. Rice cultivars with differing salt tolerance contain similar cation channels in their root cells [J]. Journal of Experimental Botany, 63 (8): 3289-3296.

KIRKBY E A, ARMSTRONG M J, 1980. Nitrate uptake by roots as regulated by nitrate assimilation in the shoot of castor oil plants [J]. Plant Physiology, 65 (2): 286-290.

KRISHNAMURTHY P, RANATHUNGE K, NAYAK S, et al., 2011. Root apoplastic barriers block Na$^+$ transport to shoots in rice (*Oryza sativa* L.) [J]. Journal of Experimental Botany, 62 (12): 4215-4228.

KRONZUCKER H J, COSKUN D, SCHULZE L M, et al., 2013. Sodium as nutrient and toxicant [J]. Plant and Soil, 369 (1/2): 1-23.

KUNZ H H, GIERTH M, HERDEAN A, et al., 2014. Plastidial transporters KEA1, -2, and -3 are essential for chloroplast osmoregulation, integrity, and pH regulation in Arabidopsis [J]. Proceedings of the National Academy of Sciences of the United States of America, 111 (20): 7480-7485.

LEIGH RA, WYN JONES R G, 1984. A hypothesis relating critical potassium concentrations for growth to the distribution and function of this ion in the plant cell [J]. New Phytologist 97 (1): 1 - 13.

LICHTENTHALER H K, 1996. Vegetation stress: an introduction to the stress concept in plants [J]. Journal of Plant Physiology, 148 (1 - 2): 4 - 14.

MARSCHNER H, 1995. Mineral Nutrition of Higher Plants [M]. 2ed. London: Academic Press: 313 - 404.

MENGEL K, HAEDER H E, 1977. Effect of potassium supply on the rate of phloem sap exudation and the composition of phloem sap of ricinus communis [J]. Plant Physiology, 59 (2): 282 - 284.

MENGEL K, SECER M, KOCH K, 1981. Potassium effect on protein formation and amino acid turnover in developing wheat grain [J]. Agronomy Journal, 73 (1): 74 - 78.

MENGELK, SIMIC R, 1973. Effect of potassium supply on the acropetal transport of water, inorganic ions and amino acids in young decapitated sunflower plants (*Helianthus annuus*) [J]. Physiologia Plantarum, 28 (2): 232 - 236.

MUNNS R, JAMES R A, 2003. Screening methods for salinity tolerance: a case study with tetraploid wheat [J]. Plant and Soil, 253 (1): 201 - 218.

MUNNS R, TESTER M., 2008. Mechanisms of salinity tolerance [J]. Annual Review of Plant Biology, 59 (1): 651 - 681.

MøLLER I S, GILLIHAM M, JHA D, et al., 2009. Shoot Na⁺ exclusion and increased salinity tolerance engineered by cell type - specific alteration of Na⁺ transport in Arabidopsis [J]. The Plant Cell, 21 (7), 2163 - 2178.

NIU X, BRESSAN R A, HASEGAWA P M, et al., 1995. Ion homeostasis in NaCl stress environments [J]. Plant physiology, 109 (3): 735 - 742.

OHNISHI J I, FLÜGGE U I, HELDT H W, et al., 1990. Involvement of Na⁺ in active uptake of pyruvate in mesophyll chloroplasts of some C4 plants: Na⁺/pyruvate cotransport [J]. Plant Physiology, 94 (3): 950 - 959.

PIER P A, BERKOWITZ G A, 1987. Modulation of water stress effects on photosynthesis by altered leaf K⁺ [J]. Plant Physiology, 85 (3): 655 - 661.

RUFTY T W, JACKSON W A, RAPER C D, 1981. Nitrate reduction in roots as affected by the presence of potassium and by flux of nitrate through the roots [J]. Plant physiology, 68 (3): 605 - 609.

SCHACHTMAN D P, 2000. Molecular insights into the structure and function of plant K⁺ transport mechanisms [J]. Biochimica et Biophysica Acta (BBA) - Biomembranes, 1465 (1 - 2): 127 - 139.

SCHACHTMAN D P, MUNNS R, 1992. Sodium accumulation in leaves of *Triticum* species that differ in salt tolerance [J]. Functional Plant Biology, 19 (3): 331 - 340.

SCHACHTMAN D, LIU W, 1999. Molecular pieces to the puzzle of the interaction between potassium and sodium uptake in plants [J]. Trends in Plant Science, 4 (7): 281 - 287.

SCHWENDER J, GOFFMAN F, OHLROGGE J B, et al., 2004. Rubisco without the Calvin cycle improves the carbon efficiency of developing green seeds [J]. Nature, 432 (7018): 779 - 782.

SHABALA S, MACKAY A, 2011. Ion Transport in Halophytes [J]. Advances in botanical research, 57: 151 - 199.

SHABALA S, DEMIDCHIK V, SHABALA L, et al., 2006. Extracellular Ca²⁺ ameliorates NaCl - induced K⁺ loss from Arabidopsis root and leaf cells by controlling plasma membrane K⁺ - permeable channels [J]. Plant physiology, 141 (4): 1653 - 1665.

SHABALA S, SCHIMANSKI L J, KOUTOULIS A, 2002. Heterogeneity in bean leaf mesophyll tissue and ion flux profiles: leaf electrophysiological characteristics correlate with the anatomical structure [J].

Annals of Botany，89（2）：221－226.

SUBBARAO G V，ITO O，BERRY W L，et al. ，2003. Sodium－A functional plant nutrient［J］. Critical Reviews in Plant Sciences，22（5）：391－416.

SUBBARAO G V，WHEELER R M，STUTTE G W，et al. ，1999. How far can sodium substitute for potassium in red beet?［J］. Journal of plant nutrition，22（11）：1745－1761.

TAHAL R，MILLS D，HEIMER Y，et al. ，2000. The relation between low K$^+$/Na$^+$ ratio and salt－tolerance in the wild tomato species *Lycopersicon pennellii*［J］. Journal of Plant Physiology，157（1）：59－64.

TESTER M，BLATT M R，1989. Direct measurement of K$^+$ channels in thylakoid membranes by incorporation of vesicles into planar lipid bilayers［J］. Plant Physiology，91（1）：249－252.

TRUOG E，BERGER K C，ATTOE O J，1953. Response of nine economic plants to fertilization with sodium［J］. Soil Science，76（1）：41－50.

WANG S，WAN C，WANG Y，et al. ，2004. The characteristics of Na$^+$，K$^+$ and free proline distribution in several drought－resistant plants of the Alxa Desert，China［J］. Journal of Arid Environments，56（3）：525－539.

WU G，SHUI Q，WANG C，et al. ，2015. Characteristics of Na$^+$ uptake in sugar beet（*Beta vulgaris* L. ）seedlings under mild salt conditions［J］. Acta Physiologiae Plantarum，37（4）：70.

YEO A R，YEO M E，FLOWERS S A，et al. ，1990. Screening of rice（*Oryza sativa* L. ）genotypes for physiological characters contributing to salinity resistance，and their relationship to overall performance［J］. TAG：Theoretical and applied genetics（Theoretische und angewandte Genetik），79（3）：377－384.

ZHANG H，YIN W，XIA X，2010. Shaker－like potassium channels in Populus，regulated by the CBL－CIPK signal transduction pathway，increase tolerance to low－K$^+$ stress［J］. Plant Cell Reports，29（9）：1007－1012.

ZHANG W D，WANG P，BAO Z，et al. ，2017. SOS1，HKT1；5，and NHX1 synergistically modulate Na$^+$ homeostasis in the halophytic grass *Puccinellia tenuiflora*［J］. Frontiers in Plant Science，8：576.

ZHAO W，FENG S，LI H，et al. ，2017. Salt stress－induced FERROCHELATASE 1 improves resistance to salt stress by limiting sodium accumulation in *Arabidopsis thaliana*［J］. Scientific Reports，7（1）：14737.

第五章

K^+的吸收和运输

K^+作为植物细胞中的主要阳离子，不但能在驱动植物细胞生长、酶激活、促进蛋白质合成、渗透调节、光合作用效率等方面起重要作用，而且能增强植物对生物及非生物胁迫的耐受性。自然环境中，K^+浓度的波动范围很大，虽然 K 是地壳中第七丰富的元素，但在植物和土壤中的可用性却非常有限（Luan et al.，2017）。土壤中 K 以不同形式存在，根据化学形态分为水溶性 K、交换性 K、非交换性 K 和矿物 K；根据植物营养有效性分为速效 K、缓效 K 和无效 K（Lalitha and Dhakshinamoorthy，2014）。土壤中约 98% 的 K^+ 作为初级（云母和长石）和次生黏土矿物存在，仅有大约 2% 的 K^+ 以水溶性和可交换的形式存在，供植物根系吸收利用。如此低的有效 K^+ 比例导致了土壤中 K^+ 的缺乏。尽管如此，在植物体内，各组织细胞中的 K^+ 浓度却维持在一个相对高且稳定的水平。如，液泡中 K^+ 浓度通常在 10～300 mmol/L，主要用于维持细胞膨压及渗透压稳定、平衡电荷、调节细胞水分状况、驱动细胞生长及运动；细胞质中，为了给各类酶促反应提供最适的离子浓度，K^+ 一般稳定保持在 100～150 mmol/L（Jordan‐Meille and Pellerin，2008）；植物叶绿体中 K^+ 浓度在 90～200 mmol/L（Kunz et al.，2014），线粒体中 K^+ 浓度维持在 100～130 mmol/L（Fluegel and Hanson，1981；Marscher，1995）。可见，维持植物中各部位 K^+ 浓度的相对稳态对植物细胞完成正常的生理代谢过程具有至关重要的意义。因此，深入探究 K^+ 的吸收和运输机理，对于了解在变化复杂的外界环境下，尤其是逆境条件，植物 K^+ 反馈调节系统如何使植物对环境作出有利于完成自身生命周期的响应具有重要意义。

第一节　高等植物 K^+ 吸收转运蛋白

高等植物对 K^+ 的吸收是由双重亲和机制介导的，即高亲和性 K^+ 吸收系统（high affinity transport system，HATS）和低亲和性 K^+ 吸收系统（low affinity transport system，LATS）。当根细胞感受到外部低的 K^+ 浓度（小于 0.2 mmol/L）时，通过高亲和性 K^+ 转运蛋白介导根系对高亲和性 K^+ 的吸收（Maathuis and Sanders，1994）；相反，当外部存在高的 K^+ 浓度（高于 0.2 mmol/L）时，主要由低亲和性 K^+ 转运蛋白/通道介导根系对低亲和性 K^+ 的吸收（Schroeder and Fang，1991）。目前的研究认为，转运蛋白家族 KUP/HAK/KT、Trk/HKT 类高亲和 K^+ 转运蛋白、阳离子‐质子反向转运体 CPA 家族

[Na$^+$（K$^+$）－H$^+$反向转运体（NHX）、阳离子－H$^+$反向转运体（CHX）和K$^+$外排反向转运体（KEA）]、Shaker K$^+$通道、Tandem－Pore K$^+$（TPK）通道和K$^+$ inward recti-fier－like channel（Kir－like 通道）参与高等植物 K$^+$的吸收与运输。

一、KUP/HAK/KT 类 K$^+$转运蛋白

KUP/HAK/KT 作为最大的 K$^+$转运蛋白家族，广泛存在于细菌、真菌和植物中。疏水性分布预测表明，该家族成员包含 10～15 个跨膜域和一个介于第二和第三跨膜域之间的长胞质环，N 端和 C 端均位于细胞膜内侧，且后者更长（Véry and Sentenac，2003），其结构如图 5-1 所示。到目前为止，已经在众多植物中鉴定到该家族成员，其中包含拟南芥中的 13 个成员、水稻中的 27 个成员、番茄中的 21 个成员以及柳枝稷中的 57 个成员等。

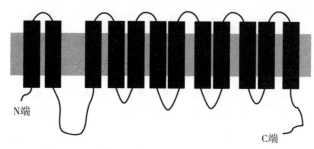

图 5-1　KUP/HAK/KT 转运蛋白结构示意图（Véry and Sentenac，2003）

依据系统发育树，KUP/HAK/KT 家族成员通常被分为 5 个不同的系统发育簇，其中，介导根系对高亲和性 K$^+$吸收的蛋白大多位于该家族的第Ⅰ簇，如大麦 HvHAK1（Santa-María et al.，1997）、拟南芥 AtHAK5（Rubio et al.，2000）、番茄 LeHAK5（Wang et al.，2002）、水稻 OsHAK1 和 OsHAK5（Bañuelos et al.，2002；Horie et al.，2011）、商陆 PaHAK1（Su et al.，2015）等。尽管如此，介导高亲和性 K$^+$吸收的蛋白不仅仅局限于第Ⅰ簇，研究表明，拟南芥 AtKUP7 虽然属于第Ⅴ簇，但也参与根系对高亲和性 K$^+$的吸收过程。除参与根系对 K$^+$的吸收外，KUP/HAK/KT 家族成员可能还参与了 K$^+$在植物细胞体内的各种生理活动，例如，位于第Ⅱ系统发育簇的拟南芥 AtKUP2、AtKUP6、AtKUP8 可能介导根系中 K$^+$外流（Osakabe et al.，2013）；水稻 OsHAK5、OsHAK1、OsHAK21 及拟南芥 AtKUP7 可能参与 K$^+$向地上部的长距离运输（Yang et al.，2014；Chen et al.，2015；Shen et al.，2015；Han et al.，2016）；拟南芥 AtKT2 和 AtKUP11 则参与了维管束鞘细胞和叶肉细胞间的 K$^+$流动（Wigoda et al.，2017）；而 AtKUP1、AtKUP2、AtKUP3 和 AtKUP4 在拟南芥发育时期的茎尖、花序分生组织、叶基部等组织中的表达量均有不同程度的增加，表明这些蛋白可能参与植物生长发育等过程（Kim et al.，1998）。

除介导营养元素的吸收和转运过程之外，HAK/KUP/KT 家族在植物耐盐抗旱过程中亦发挥不容忽视的作用。在水稻中过表达 OsHAK1，可以增加水稻对 K$^+$的吸收及提高

K⁺/Na⁺ 比（Chen et al.，2015），正如第四章所述，植物体内 K⁺/Na⁺ 比的提高往往能够显著地增强植物的耐盐性。过表达 *OsHAK5* 的转基因植株同野生型植株相比，其地上部的 K⁺/Na⁺ 比提高了，植物的耐盐性也得到了提高；反之，水稻中的 *OsHAK5* 基因被敲除后，其地上部的 K⁺/Na⁺ 比减小，同时植物对盐胁迫的敏感性也增加了（Yang et al.，2014）。在盐胁迫下，与野生型相比，*oshak21* 突变体的根部和地上部中 K⁺ 含量积累减少，Na⁺ 含量积累增多，同时，*oshak21* 突变体的 K⁺ 净吸收速率下降，而 Na⁺ 净吸收速率增加，可见，在水稻遭受盐胁迫时，OsHAK21 在保持植物体内 K⁺ 稳态过程中发挥着重要的作用（Shen et al.，2015）。此外，过表达 *OsHAK1* 可显著增强水稻在营养生长和生殖生长阶段的耐旱性，与野生型相比，过表达 *OsHAK1* 的幼苗中，脂质过氧化水平降低了，脯氨酸积累水平增加了，抗氧化酶的活性提高了；同时，在干旱条件下，过表达 *OsHAK1* 植株的籽粒产量，相比野生型增加 35 %（Chen et al.，2017）。

二、Trk/HKT 类高亲和 K⁺ 转运蛋白

Trk/HKT 类高亲和 K⁺ 转运蛋白家族涉及 TrkH 和 KtrB（细菌）、HKT（植物）和真菌 Trk 转运体（Corratgé‐Faillie, et al.，2010）。该家族参与调节细菌、古细菌、真菌和植物的渗透控制、pH 稳态和耐盐抗旱过程（Zhang et al.，2008；Bafeel，2013；Cheng et al.，2018）。家族成员对离子的吸收转运具有广泛的选择性，即它们可能是 Na⁺‐K⁺ 共转运体，也可能是 Na⁺ 单转运体，甚至是二价阳离子转运体。

Trk 家族主要由 TrkH、TrkE、TrkG 和 TrkA 4 种蛋白组成，并在许多细菌中被分离出来（Schlösser et al.，1995）。TrkH 和 TrkG 为 Trk 家族的跨膜蛋白，主要参与 K⁺ 的转运（Rhoads and Epstein，1977）；TrkA 是一种 NAD⁺ 结合蛋白（Schlösser, et al.，2010）；TrkE 则被认为是一种 ATP 结合蛋白，能够激活 K⁺ 的运输（Dosch, et al.，1991）。关于 Trk 家族的研究工作，主要针对原核微生物中 K⁺ 的转运功能开展，并多集中于构建突变株、基因克隆或异源表达上。Kraegeloh 等（2005）从长盐单胞菌中克隆了 3 个具有 K⁺ 吸收功能的基因，分别为 *TrkA*、*TrkH* 和 *TrkI*，经系统发育比对分析发现，由 *TrkA* 编码的蛋白质与来自大肠杆菌的细胞质 NAD⁺/NADH 结合蛋白 TrkA 相似，参与长盐单胞菌对 K⁺ 的吸收；同时，针对突变研究结果显示，*TrkH* 和 *TrkI* 亦能够介导低亲和性 K⁺ 吸收。

HKT 蛋白家族多存在于植物体内，且定位在细胞膜上。该蛋白由 4 个 MPM（膜‐孔‐膜）基序组成，每个 MPM 基序包括 2 个跨膜区域和 1 个较为保守的孔环结构域（P‐loop）。普遍认为，该蛋白结构中的第一个 P‐loop 区的氨基酸残基一般为甘氨酸（Gly）或丝氨酸（Ser）残基，其结构如图 5‐2 所示。依据保守位点氨基酸残基的不同，分为两个家族：亚族 Ⅰ（残基为丝氨酸）主要由 Na⁺ 转运蛋白组成，部分具有转运 K⁺ 的功能；亚族 Ⅱ（残基为甘氨酸）具有 Na⁺‐K⁺ 协同转运的功能（Liu et al.，2001；Wang et al.，2014）。目前，模式拟南芥基因组中仅发现一个 HKT 成员，即 AtHKT1；1（最初命名为 AtHKT1）（Uozumi et al.，2000）。相较于双子叶植物，单子叶植物中包含多个 HKT 转运蛋白家族成员，至今为止，水稻中发现的成员最多（Garciadeblás et al.，2003）。

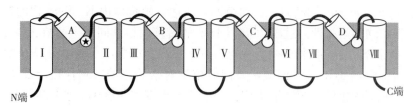

图 5-2　HKT 转运蛋白结构示意图（Maser et al.，2002）

植物 Trk/HKT 蛋白家族基因广泛参与植物抵抗逆境胁迫，该家族蛋白的离子运输功能具有双重性，即外界低浓度 Na$^+$时充当 Na$^+$-K$^+$协同转运体，高 Na$^+$时仅运输 Na$^+$（Rubio et al.，1995；Gassman et al.，1996）。家族成员主要通过介导 Na$^+$转运来参与植物逆境胁迫抗性，但也存在部分通过介导 K$^+$转运及 Na$^+$-K$^+$共转运来参与的。如 Chen 等（2011）研究发现，外源 NaCl 处理能诱导大豆根和叶中 *GmHKT1* 表达，且过表达 *GmHKT1* 的转基因烟草根和地上部中 Na$^+$累积减少而 K$^+$含量上升，耐盐性提高，这表明 GmHKT1 具有促进 Na$^+$排出及协同 Na$^+$-K$^+$运输的双重作用。

三、阳离子-质子反向转运蛋白 CPA 家族

阳离子-质子反向转运体（CPA）超家族对维持细胞正常的生理功能至关重要。目前，CPA 家族结构尚不明确，根据序列疏水特性得知，该家族成员都有 10～14 个跨膜结构域，其结构如图 5-3 所示。根据蛋白结构、功能和亚细胞定位，CPA 超家族被分为 3 个基因亚家族，即 CPA1、CPA2 和 NaT-DC（Na$^+$运输羧酸脱羧酶）（Chang et al.，2004）。其中，与 K$^+$转运相关的还有 CPA1 家族中的 Na$^+$（K$^+$）-H$^+$反向转运体（NHX），CPA2 家族中的阳离子-H$^+$反向转运体（CHX）和 K$^+$外排反向转运体（KEA）。

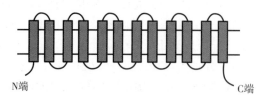

图 5-3　CPA 转运蛋白结构示意图（Véry and Sentenac，2003）

（一）Na$^+$（K$^+$）-H$^+$反向转运体（NHX）

NHX 家族转运蛋白属于 CPA1 类单价阳离子-质子转运蛋白，是植物体内广泛存在的一种跨膜转运蛋白，主要负责植物体内 Na$^+$-H$^+$ 或 K$^+$-H$^+$ 的交换（Karim et al.，2021）。在拟南芥中共鉴定出 8 个 NHX 家族成员，根据它们的细胞定位，分为 3 个不同的类别：定位于液泡的 AtNHX1～4 和定位于内体的 AtNHX5～6 分别属于第一类和第二类，第三类定位于质膜，包括 AtNHX7（也被命名为 SOS1）和 AtNHX8（Bassil et al.，2012）。这些 NHX 蛋白定位不同，其作用机制也各不相同，例如，定位于质膜的 NHX 蛋白负责将 Na$^+$输送到细胞外，并导入 H$^+$；而定位在液泡膜或内膜系统上的 NHX 蛋白则主要与 H$^+$交换，转运 Na$^+$至液泡中。

到目前为止，大部分与耐盐相关的离子转运体都属于 CPA1 家族，NHX 可介导 Na⁺-H⁺ 和 K⁺-H⁺ 交换，提高植物的耐盐性（Leidi et al.，2010；Sze and Chanroj，2018）。例如，过表达拟南芥 *AtNHX5* 和番茄 *LeNHX2* 能够增加细胞内的 K⁺ 浓度、降低 Na⁺ 浓度（Venema et al.，2003；Yokoi et al.，2002）。在不同浓度 NaCl 处理下，*NHX* 过表达能使转基因玉米、茄子、向日葵等植物叶和根中的 K⁺ 浓度及 K⁺/Na⁺ 比显著高于野生型植株（Huang et al.，2018；Yarra and Kirti，2019；Mushke et al.，2019）。*NHX* 的过表达还可以提高转基因植株对干旱胁迫的耐受性。例如，过表达霸王 *ZxNHX* 和 *ZxVP1-1* 可增强转基因甜菜的离子区域化能力，提高其耐旱性；*ZxNHX* 沉默则会导致 *ZxAKT1* 和 *ZxSKOR* 的表达下调，抑制植物根系对 K⁺ 的吸收转运，减少组织中 K⁺ 的积累，使其耐旱性降低（Yuan et al.，2015）。

（二）阳离子-H⁺ 反向转运体（CHX）

CHX 是 CPA2 家族中的阳离子-H⁺ 反向转运体，通常含有 10～12 个跨膜结构域和亲水性 C 端。在拟南芥、野大豆和水稻中，已分别发现 28、34 和 17 个该家族成员。在拟南芥中，AtCHX 家族成员均不同程度地参与了植物体内各种生理和生殖过程。其中，拟南芥 AtCHX16～20 被认为与 K⁺ 及 pH 平衡有关，且能够弥补存在 K⁺ 吸收缺陷的酵母或细菌突变体中的 K⁺ 吸收。同时，有实验表明，*AtCHX17* 和 *AtCHX20* 能够调节一价阳离子的运输，且对 K⁺ 的亲和性要大于 Na⁺。*AtCHX13*、*AtCHX14*、*AtCHX17* 和 *AtCHX20* 还被发现负责 K⁺ 的运输及 K⁺ 在各组织中的分配（Zhao et al.，2008；Zhao et al.，2015；Chanroj et al.，2011；Padmanaban et al.，2007）。野大豆中 *GsCHX19.3* 在花中高表达，并响应高盐和碳酸盐碱胁迫，在拟南芥中过表达 *GsCHX19.3* 能够显著提高植株体内 K⁺ 的含量，从而增强植物对高盐和碳酸盐碱性胁迫的耐受性（Jia et al.，2017）。水稻中 *OsCHX14* 的表达受茉莉酸（JA）通路影响，能调控水稻开花期 K⁺ 的稳态平衡（Chen et al.，2016）。以上研究均表明 CHX 家族成员在 K⁺ 吸收转运中的重要性。

（三）K⁺ 外排反向转运体（KEA）

KEA 是 CPA 家族中研究最少的成员。拟南芥中包含 6 个 KEA 成员，依据系统发育进化树分析，它们被聚类成族 1（AtKEA1～3）和族 2（AtKEA4～6）两个亚群。其中，AtKEA1～3 蛋白与细菌蛋白 EcKefB、EcKefC 同源，具有完整的 KTN 结构域；而 AtKEA4～6 蛋白却与后生动物蛋白 TMCO3 相似，缺乏 KTN（剑蛋白）结构域（Chanroj et al.，2012）。AtKEA1 和 AtKEA2 位于内膜上，参与质体和叶片发育过程（Aranda-Sicilia et al.，2012）。AtKEA3 位于类囊体膜上，在光照适应方面起着重要作用（Armbruster et al.，2014）。AtKEA4～6 则在介导植物体内的 pH 和离子稳态中发挥重要作用（Zhu et al.，2018）。

四、Shaker K⁺ 通道

Shaker 家族是第一个通过生物分子技术鉴定出来的 K⁺ 通道家族。在植物中，一个完整的 Shaker K$^+$ 通道含有 6 个跨膜结构域（transmembrane segment，TMS），结构如图 5 - 4 所示：第四个跨膜结构域能够感受膜电势差，控制 K$^+$ 通道的开启和关闭；在第五和第六个 TMS 之间存在一个高度保守的孔环结构域（P - loop），用以调控 K$^+$ 通道的活性，P-loop 使得 Shaker K$^+$ 通道蛋白家族成员都具有较高的 K$^+$ 选择性；N 端和 C 端都位于细胞质内侧，通常第六个 TMS 的 C 端包含 CNBD（环核苷酸结合区）、Anky（锚蛋白区）以及 KHA（富含疏水酸性残基区）（Lebaudy et al.，2007；Nieves - Cordones and Gaillard，2014）。目前，已经在十几种植物中发现了超过 30 个 Shaker 家族成员，其中，对拟南芥 Shaker 家族的研究最为深入（Gambale and Uozumi，2006）。拟南芥 Shaker K$^+$ 通道蛋白家族共有 9 个成员，依据成员的电压依赖性和整流特性，可分为 5 个亚家族。族 1（AtAKT1、AtAKT5 和 AtSPIK）和族 2（AtKAT1 和 AtKAT2）均属于内整流通道（K$^+$ inward rectifier，K$_{in}$），在超极化电位时被激活，并参与 K$^+$ 内流。族 3（AtAKT2～3）为弱整流通道（K$^+$ weak rectifier，K$_{weak}$），参与 K$^+$ 的吸收和释放。族 4（AtKAT3，又称 AtKC1）为内整流 K$^+$ 通道调节亚基，属于沉默整流通道（K$^+$ silent rectifier，K$_{silent}$），对内整流 K$^+$ 通道具有调节作用。族 5（AtSKOR、AtGORK）为去极化激活的外整流通道（K$^+$ outward rectifier，K$_{out}$），介导 K$^+$ 由胞内排至胞外。

AKT1 是植物中最早报道的 Shaker K$^+$ 通道蛋白，在低 K$^+$ 处理下，与野生型相比，敲除 *AKT1* 基因的拟南芥 *akt1* 突变体根部对 K$^+$ 的吸收能力降低，地上部会出现黄化失绿现象；综合膜电位测量结果发现，AKT1 编码一个内整流 K$^+$ 通道，可在低至 10 μmol/L K$^+$ 的条件下介导 K$^+$ 摄取（Hirsch et al.，1998）。作为拟南芥中的另一种内整流 K$^+$ 通道，SPIK 被推测通过参与花粉管对 K$^+$ 吸收，来影响花粉管的生长状况和花粉的生活力（Mouline et al.，2002）。KAT1 和 KAT2 定位于拟南芥保卫细胞，通过介导拟南芥保卫细胞中的 K$^+$ 内流来调控保卫细胞的渗透势，从而控制气孔的开闭（Nakamura et al.，1995；Schachtman et al.，1992；Pilot et al.，2001），通过该特性可调节植株对干旱胁迫的耐受性。AKT2 蛋白受光合作用诱导，主要在拟南芥的韧皮部表达，它能介导 K$^+$ 的双向流动，实现 K$^+$ 在韧皮部的装载和卸载（Marten et al.，1999；Lacombe et al.，2000）。另外，AKT2 通道具有两种截然不同的门控模式：模式 1 在低于 +100 mV 的电压下开放，与内整流 K$^+$ 通道具有类似的门控特性；模式 2 对低于 +100 mV 的电压灵敏度响应很低，通道在整个生理电压范围内都是永久打开状态，并且允许 K$^+$ 双向流动（Dreyer et al.，2001）。AtKC1 在根毛和根内层表达，是根毛功能性 K$^+$ 摄取通道的整体组成部分，不能直接参与 K$^+$ 吸收，而是通过与其他 Shaker 家族内整流 K$^+$ 通道结合成异聚体，参与

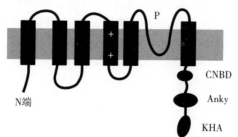

图 5 - 4　Shaker K$^+$ 通道结构示意图（Véry and Sentenac 2003）

拟南芥根中的 K$^+$ 吸收过程（Reintanz et al.，2002）。SKOR 蛋白定位于根的中柱鞘和木质部薄壁细胞，其敲除突变体显示较低的地上部 K$^+$ 含量和较低的木质部汁液 K$^+$ 浓度，表明 SKOR 参与 K$^+$ 向木质部的释放以及向地上部器官的运输。而存在于保卫细胞的 GORK，是唯一的介导拟南芥保卫细胞中 K$^+$ 外流的外整流 K$^+$ 通道（Hosy et al.，2003）。此外，GORK 也存在于根毛细胞中，作为 K$^+$ 传感器并调节根毛细胞的渗透势和膜电势（Ivashikina et al.，2001）。

五、Tandem‐Pore K$^+$（TPK）通道

TPK K$^+$ 通道蛋白家族的结构与动物中的 KCNK K$^+$ 通道蛋白家族的结构非常相似，都含有 4 个跨膜结构域（TMS）和 2 个孔环结构域（P‐loop），其结构如图 5‐5 所示。拟南芥中，TPK 家族由 5 个成员（TPK1～5）组成，其中，TPK1、TPK2、TPK5 都定位于液泡膜，TPK3 定位于叶绿体内囊体基质片层，TPK4 则定位于质膜。TPK1 在拟南芥各组织器官中广泛表达，通过调节液泡中 K$^+$ 的稳态，来调控气孔的运动和种子的萌发（Gobert et al.，2007）。TPK3 参与控制光合利用（Carraretto et al.，2013）。TPK4 参与花粉管生长过程中 K$^+$ 稳态和膜电压的调控（Becker et al.，2004）。TPK5 和 TPK1 可以与 Kir‐like 家族的 KCO3 形成二聚体（Voelker et al.，2006）。而 TPK2 的蛋白功能目前尚不清楚，需要进一步研究与探索。

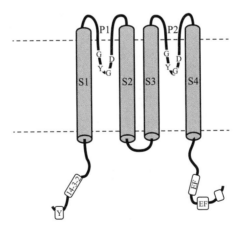

图 5‐5　TPK 通道结构示意图（Sharma et al.，2013）

在应对胁迫方面，以水稻的 OsTPKb 为例，它是一种选择性阳离子通道，主要在液泡膜上表达。过表达 *OsTPKb* 的水稻对 K$^+$ 的吸收性较好，根系和茎部中的 K$^+$ 含量均有所增加。此外，OsTPKb 还能通过诱导 *AKT1* 和 *HAK1* 的表达水平，来提高根系对 K$^+$ 的吸收。除此之外，TPKb 还可调节小液泡中 K$^+$ 的通量，有助于维持 K$^+$ 的稳态，进而增强水稻的渗透性和耐旱性（Ahmad et al.，2016）。然而，这种反应的确切机制尚不清楚，需要进一步研究。

第二节　高等植物体内 K$^+$ 的吸收及运输

K$^+$ 是植物必需的三大营养元素之一，而 Na$^+$ 对大部分植物而言是有毒离子。当细胞质中 Na$^+$ 浓度高于 K$^+$ 时，会通过质膜中打开的阳离子通道（K$^+$ 通道和其他非选择性阳离子通道）、单价阳离子转运蛋白等进入细胞，干扰细胞内的 K$^+$ 稳态，从而对细胞造成毒害，进而对各种代谢过程产生不利影响。因此，为了避免 Na$^+$ 的毒害作用产生，植物需要通过限制 Na$^+$ 在组织中的积累，同时提高对 K$^+$ 的吸收，以维持细胞内最佳的 K$^+$/Na$^+$ 比。要获得最优的 K$^+$/Na$^+$ 比，需要增强植物根部 K$^+$ 吸收、K$^+$ 通过木质部从根向地上部装载、韧皮部 K$^+$ 转运、液泡池补充细胞溶质 K$^+$ 的能力，同时，限制 K$^+$ 的外排。

一、根部对 K$^+$ 的吸收

Shaker K$^+$ 通道家族成员 AKT1 和高亲和性 K$^+$ 转运蛋白家族成员 HAK5 是介导植物根系 K$^+$ 吸收的两大主要成员。在拟南芥中检测发现，AKT1 在根系中高水平表达，参与了根系对土壤中 K$^+$ 的吸收（Hirsch et al.，1998）。由于 AKT1 蛋白结构中存在一个高度保守的孔环结构域，其同源蛋白（包括水稻 OsAKT1、玉米 ZMK1、小麦 TaAKT1、番茄 LKT1、马铃薯 SKT1）均能够调节根系对 K$^+$ 的吸收（Wang and Wu，2013）。AKT1 通常介导较高外部 K$^+$ 浓度时（0.1～10 mmol/L）根系对 K$^+$ 的吸收（Hirsch et al.，1998）。例如，水稻 *OsAKT1* 的 T-DNA 插入突变体在 1.0mmol/L 和 0.1 mmol/L K$^+$ 处理下，植株生长受抑，根和地上部的 K$^+$ 浓度显著降低（Nieves-Cordones et al.，2016a；Nieves-Cordones, et al.，2016b）。此外，另一个植物 Shaker K$^+$ 通道亚基 KC1 与 AKT1 相互作用，形成异构体 K$^+$ 通道，以调节 AKT1 活性，防止低 K$^+$ 浓度条件下根细胞 K$^+$ 的泄漏（Wang et al.，2010）。同时，AKT1/KC1 通道活性受到蛋白磷酸化和蛋白质间相互作用的调节，在拟南芥中，CBL1 和 CBL9 激活激酶 CIPK23，并将它结合到根细胞质膜上，CIPK23 在质膜上磷酸化从而激活 AKT1（Xu et al.，2006）；在水稻中，OsAKT1 介导根系对 K$^+$ 的吸收，其活性也受到 OsCBL1-OsCIPK23 复合物的正向调节（Li et al.，2014）。

与 AKT1 不同，HAK5 在非常低的外部 K$^+$ 浓度（0.01～0.1 mmol/L）下介导根系对 K$^+$ 的吸收（Nieves-Cordones et al.，2014；Rubio et al.，2014）。例如，拟南芥 *AtHAK5* T-DNA 插入突变体幼苗根系生长对 K$^+$ 缺乏非常敏感（Nieves-Cordones et al.，2019）。在水稻中，包括 OsHAK1、OsHAK5 和 OsHAK21 在内的几个 HAK 家族成员在不同外部 K$^+$ 浓度条件下同时参与根系对 K$^+$ 吸收，且通过维持 K$^+$、Na$^+$ 稳态提高水稻耐盐性（Yang et al.，2014；Chen et al.，2015；Shen et al.，2015）。除此之外，研究发现拟南芥 AtKUP7 介导低亲和性 K$^+$（50～200 mmol/L）吸收，并影响 K$^+$ 从根向地上部的转移（Han et al.，2016;）。其他 KUP 家族成员，如 KUP2、KUP3 和 KUP4，在相对较高的外界 K$^+$ 水平下发挥作用，而 KUP1 在低和高 K$^+$ 水平下均发挥作用（Li et al.，2018）

二、木质部中 K⁺ 的装载

植物根系从土壤中吸收的 K⁺ 必须转运至木质部中才能完成向地上部的转运，而这一过程通常由 Shaker 家庭外整流 K⁺ 通道 SKOR 来完成。研究显示，*SKOR* 在拟南芥根中柱组织中特异表达，介导 K⁺ 从木质部薄壁细胞向木质部的装载；敲除 *SKOR* 后，植物地上部和木质部中 K⁺ 含量均显著降低；同时，该通道的活性还受 ABA 的调节，当 ABA 含量增加时，*SKOR* 表达量下降，K⁺ 向地上部的转运也受到抑制（Gaymard et al.，1998）。此外，木质部装载的过程与根系对 K⁺ 的吸收机制类似，研究发现，当木质部汁液中的 K⁺ 含量为 10 mmol/L 时，薄壁细胞对 K⁺ 的吸收为被动运输，由内整流 K⁺ 通道介导；而当木质部汁液中的 K⁺ 含量为 0.1～1 mmol/L 时，薄壁细胞对 K⁺ 的吸收为主动运输（Ahmad and Maathuis，2014）。除此之外，在低 K⁺ 条件下，硝酸盐/肽转运蛋白家族（NPF）成员 NRT1.5、LKS2、NPF7.3 亦介导 K⁺ 从根薄壁组织细胞释放到木质部，其中 NRT1.5 起到质子耦合 K⁺–H⁺ 反向转运体的作用（Li et al.，2017）。研究发现，水稻 OsHAK5 和拟南芥 AtKUP7 也参与 K⁺ 从根到地上部的运输（Yang et al.，2014，Han et al.，2016）。

三、韧皮部中 K⁺ 的转运

植物根系吸收的 K⁺ 经木质部运输到地上部以后，其中一部分由地上部经韧皮部回流到根中，即根→木质部→地上部→韧皮部→根，此过程称为 K⁺ 的循环。当回流入根的 K⁺ 未被根完全利用时，其中一部分又会通过木质部再一次运向地上部分参与环流，此过程称为 K⁺ 的再循环。研究发现，番茄木质部中约 20% 的 K⁺ 并非根系吸收获得，而是来自韧皮部再循环利用（Armstrong and Kirkby，1979）。在大麦或蓖麻中，韧皮部中 K⁺ 再循环的比例高达 85%（Jeschke and Pate，1991；Marschner et al.，1996）。在从源组织到库组织的运输过程中，Shaker K⁺ 通道 AKT2 介导韧皮部的 K⁺ 运输（Gajdanowicz et al.，2011）。AKT2 活性受磷酸化修饰的调节。蛋白磷酸酶 PP2CA 与 AKT2 相互作用，抑制通道电流并增强内向整流，以控制 K⁺ 转运和膜极化（Chérel et al.，2002；Michard et al.，2005）。CBL4–CIPK6 复合物通过介导钙依赖性 AKT2 从内质网膜转移到细胞质膜上，从而调节 AKT2 活性（Held et al.，2011）。

四、液泡池对细胞溶质 K⁺ 的补充

液泡是成熟植物细胞中最大的细胞器，储存着大量的 K⁺，其浓度为 200～500 mmol/L。位于液泡膜上的 NHX 转运体 NHX1 和 NHX2 作为 K⁺（Na⁺）–H⁺ 反向转运体，介导 K⁺ 区域化在液泡中，建立液泡 K⁺ 库，用以调节各类生理过程，如渗透调节和缺 K⁺ 适应性（Walker et al.，1996；Barragán et al.，2012）。当植物遭受缺 K⁺ 胁迫时，液泡中的 K⁺ 通过液泡膜通道转移到细胞质中，以维持细胞质中 K⁺ 浓度。其中，液泡膜 K⁺ 转运通

道 TPK1 在该调节过程中起到重要作用，并且 TPK1 活性由 Ca^{2+} 依赖性蛋白激酶（CIPKs）和钙调磷酸酶 B 蛋白（CBL）调节（Latz et al.，2013）。有研究表明，位于液泡膜上的 CBL2/3 - CIPK3/9/23/26 复合物以 Ca^{2+} 依赖性的方式直接激活 TPK 通道。此外，14 - 3 - 3 蛋白也可激活 TPK1 通道，14 - 3 - 3 蛋白的活性受 TPC1（SV 通道）的抑制，但是，TPC1 的激活往往伴随着液泡内 Na$^+$ 泄漏的风险（Paul et al.，2001；Latz et al.，2007），因此，TPK1 通道可以在 TPC1 通道失活的同时被激活，这样既能从液泡向细胞质中补充 K$^+$，同时还能避免 Na$^+$ 从液泡泄漏到细胞质中。

五、K$^+$ 的外排限制

植物 K$^+$、Na$^+$ 平衡由一系列复杂的信号网络调控，Ca^{2+}、H$_2$O$_2$ 和乙烯等胞内重要信号分子都参与胁迫下细胞 K$^+$、Na$^+$ 平衡的调控。外源施加较高浓度的 Ca^{2+} 可以抑制盐处理下质膜 NSCC 的开放，从而阻止过多的 Na$^+$ 进入细胞；同时外源 Ca^{2+} 能够阻碍盐诱导的 KORC 的开放，进而抑制了 K$^+$ 的流失（Demidchik and Tester，2002；Tester and Davenport，2003；Shabala et al.，2006）。此外，细胞内 H$^+$ - ATPase 既可以促进 Na$^+$ - H$^+$ 反向转运体的活性，也可恢复细胞质膜去极化程度，减少 K$^+$ 外排。外施 H$_2$O$_2$ 能促进拟南芥内的 H$^+$ - ATPase 的稳定表达，有利于减轻 Na$^+$ 对植物细胞的毒害作用（Chung et al.，2008）。此外，H$_2$O$_2$ 还可抑制 DA - KORC 的开放，减少 K$^+$ 外排（Demidchik et al.，2010）。1 -氨基环丙烷- 1 - 1 羟酸合酶（ACC 合成酶）是整个乙烯合成途径中的限速酶和关键酶，在盐胁迫的拟南芥愈伤组织中，外施 ACC 能增强 H$^+$ - ATPase 活性，通过促进拟南芥 Na$^+$ 外排，减少 K$^+$ 流失（Wang et al.，2009）。

参考文献

AHMAD I, MAATHUIS F J, 2014. Cellular and tissue distribution of potassium: physiological relevance, mechanisms and regulation [J]. Journal of Plant Physiology, 171 (9): 708 - 714.

AHMAD I, DEVONSHIRE J, MOHAMED R, et al., 2016. Overexpression of the potassium channel TPKb in small vacuoles confers osmotic and drought tolerance to rice [J]. The New Phytologist, 209 (3): 1040 - 1048.

ARANDA - SICILIA M N, CAGNAC O, CHANROJ S, et al., 2012. Arabidopsis KEA2, a homolog of bacterial KefC, encodes a K$^+$/H$^+$ antiporter with a chloroplast transit peptide [J]. Biochimica et Biophysica Acta (BBA) - Biomembranes, 1818 (9): 2362 - 2371.

ARMBRUSTER U, CARRILLO L R, VENEMA K, et al., 2014. Ion antiport accelerates photosynthetic acclimation in fluctuating light environments [J]. Nature Communications, 5 (1): 5439.

ARMSTRONG M J, KIRKBY E A, 1979. Estimation of potassium recirculation in tomato plants by comparison of the rates of potassium and calcium accumulation in the tops with their fluxes in the xylem stream [J]. Plant Physiology, 63 (6): 1143 - 1148.

BAFEEL S, 2013. Phylogeny of the plant salinity tolerance related *HKT* genes [J]. International Journal of Biological Sciences, 5 (2): 64 - 68.

BARRAGÁN V, LEIDI E O, ANDRÉS Z, et al. , 2012. Ion exchangers NHX1 and NHX2 mediate active potassium uptake into vacuoles to regulate cell turgor and stomatal function in Arabidopsis [J] . The Plant Cell, 24 (3): 1127 - 1142.

BASSIL E, COKU A, BLUMWALD E, 2012. Cellular ion homeostasis: emerging roles of intracellular NHX Na^+/H^+ antiporters in plant growth and development [J] . Journal of Experimental Botany, 63 (16): 5727 - 5740.

BAÑUELOS M A, GARCIADEBLAS B, CUBERO B, et al. , 2002. Inventory and functional characterization of the HAK potassium transporters of rice [J] . Plant Physiology, 130 (2): 784 - 795.

BECKER D, GEIGER D, DUNKEL M, et al. , 2004. AtTPK4, an Arabidopsis tandem - pore K⁺ channel, poised to control the pollen membrane voltage in a pH - and Ca^{2+} dependent manner [J]. Proceedings of the National Academy Sciences of the United States of America, 101 (44): 15621 - 15626.

CARRARETTO L, FORMENTIN E, TEARDO E, et al. , 2013. A thylakoid - located two - pore K⁺ channel controls photosynthetic light utilization in plants [J] . Science, 342 (6154): 114 - 118.

CHANG A B, LIN R, KEITH S W, et al. , 2004. Phylogeny as a guide to structure and function of membrane transport proteins [J] . Molecular Membrane Biology, 21 (3): 171 - 181.

CHANROJ S, LU Y, PADMANABAN S, et al. , 2011. Plant - specific cation/H⁺ exchanger 17 and its homologs are endomembrane K⁺ transporters with roles in protein sorting [J] . Journal of Biological Chemistry, 286 (39): 33931 - 33941.

CHANROJ S, WANG G Y, VENEMA K, et al. , 2012. Conserved and diversified gene families of monovalent cation/H⁺ antiporters from algae to flowering plants [J] . Frontiers in plant science, 3: 25.

CHEN G, HU Q, LUO L, et al. , 2015. Rice potassium transporter OsHAK1 is essential for maintaining potassium - mediated growth and functions in salt tolerance over low and high potassium concentration ranges [J] . Plant, Cell & Environment, 38 (12): 2747 - 2765.

CHEN G, LIU C, GAO Z, et al. , 2017. OsHAK1, a high - affinity potassium transporter, positively regulates responses to drought stress in rice [J] . Frontiers in Plant Science, 8: 1885.

CHEN H T, He H, Yu D, 2011. Overexpression of a novel soybean gene modulating Na⁺ and K⁺ transport enhances salt tolerance in transgenic tobacco plants [J] . Physiologia Plantarum, 141 (1): 11 - 18.

CHEN Y, MA J, MILLER A J, et al. , 2016. OsCHX14 is involved in the K⁺ homeostasis in rice (*Oryza sativa*) flowers [J] . Plant & Cell Physiology, 57 (7): 1530 - 1543.

CHENG X, LIU X, MAO W, et al. , 2018. Genome - wide identification and analysis of HAK/KUP/KT potassium transporters gene family in wheat (*Triticum aestivum* L.) [J] . International Journal of Molecular Sciences, 19 (12): 3969.

CHÉREL I, MICHARD E, PLATET N, et al. , 2002. Physical and functional interaction of the Arabidopsis K⁺ channel AKT2 and phosphatase AtPP2CA [J] . Plant Cell, 14 (5) : 1133 - 1146.

CHUNG J S, ZHU J K, BRESSAN R A, et al. , 2008. Reactive oxygen species mediate Na⁺ - induced SOS1 mRNA stability in Arabidopsis [J] . The Plant Journal, 53 (3): 554 - 565.

CORRATGÉ - FAILLIE C, JABNOUNE M, ZIMMERMANN S, et al. , 2010. Potassium and sodium transport in non - animal cells: the Trk/Ktr/HKT transporter family [J] . Cellular and Molecular Life Sciences: CMLS, 67 (15): 2511 - 2532.

DEMIDCHIK V, CUIN T A, SVISTUNENKO D, et al. , 2010. Arabidopsis root K⁺ - efflux conductance activated by hydroxyl radicals: single - channel properties, genetic basis and involvement in stress - induced cell death [J] . Journal of Cell Science, 123 (9): 1468 - 1479.

DEMIDCHIK V, TESTER M, 2002. Sodium fluxes through nonselective cation channels in the plasma membrane of protoplasts from Arabidopsis roots [J] . Plant Physiology, 128 (2): 379 - 387.

DOSCH D C, HELMER G L, SUTTON S H, et al. , 1991. Genetic analysis of potassium transport loci in *Escherichia coli*: evidence for three constitutive systems mediating uptake potassium [J] . Journal of Bacteriology, 173 (2): 687 - 696.

DREYER I, MICHARD E, LACOMBE B, et al. , 2001. A plant Shaker - like K$^+$ channel switches between two distinct gating modes resulting in either inward - rectifying or "leak" current [J] . FEBS Letters, 505 (2): 233 - 239.

FLUEGEL M J, HANSON J B, 1981. Mechanisms of passive potassium influx in corn mitochondria [J]. Plant Physiology, 68 (2): 267 - 271.

GAJDANOWICZ P, MICHARD E, SANDMANN M, et al. , 2011. Potassium (K$^+$) gradients serve as a mobile energy source in plant vascular tissues [J] . Proceedings of the National Academy of Sciences of the United States of America, 108 (2): 864 - 869.

GAMBALE F, UOZUMI N, 2006. Properties of Shaker - type potassium channels in higher plants [J]. The Journal of Membrane Biology, 210 (1): 1 - 19.

GARCIADEBLÁS B, SENN M E, BANUELOS M A, et al. , 2003. Sodium transport and HKT transporters: the rice model [J] . The Plant Journal : for Cell and Molecular Biology, 34 (6): 788 - 801.

GASSMAN W, RUBIO F, SCHROEDER J I, 1996. Alkali cation selectivity of the wheat root high - affinity potassium transporter HKT1 [J] . The Plant Journal : for Cell and Molecular Biology, 10 (5): 869 - 882.

GAYMARD F, PILOT G, LACOMBE B, et al. , 1998. Identification and disruption of a plant Shaker - like outward channel involved in K$^+$ release into the xylem sap [J] . Cell, 94 (5): 647 - 655.

GOBERT A, ISAYENKOV S, VOELKER C et al. , 2007. The two - pore channel TPK1 gene encodes the vacuolar K$^+$ conductance and plays a role in K$^+$ homeostasis [J] . Proceedings of the National Academy of Sciences of the United States of America, 104 (25): 10726 - 10731.

HAN M, WU W, WU W H, et al. , 2016. Potassium transporter KUP7 is involved in K$^+$ acquisition and translocation in Arabidopsis root under K$^+$ - limited conditions [J] . Molecular Plant, 9 (3): 437 - 446.

HELD K, PASCAUD F, ECKERT C, et al. , 2011. Calcium - dependent modulation andplasma membrane targeting of the AKT2 potassium channel by the CBL4/CIPK6 calcium sensor /protein kinase complex [J]. Cell Research, 21 (7): 1116 - 1130.

HIRSCH R E, LEWIS B D, SPALDING E P, et al. , 1998. A role for the AKT1 potassium channel in plant nutrition [J] . Science, 280 (5365): 918 - 921.

HORIE T, SUGAWARA M, OKADA T, et al. , 2011. Rice sodium - insensitive potassium transporter, OsHAK5, confers increased salt tolerance in tobacco BY2 cells [J] . Journal of Bioscience and Bioengineering, 111 (3): 346 - 356.

HOSY E, VAVASSEUR A, MOULINE K, et al. , 2003. The Arabidopsis outward K$^+$ channel GORK is involved in regulation of stomatal movements and plant transpiration [J] . Proceedings of the National Academy of Sciences of the United States of America, 100 (9): 5549 - 5554.

HUANG Y, ZHANG X, LI Y, et al. , 2018. Overexpression of the *Suaeda salsa* SsNHX1 gene confers enhanced salt and drought tolerance to transgenic *Zea mays* [J] . Journal of Integrative Agriculture, 17 (12) : 2612 - 2623.

IVASHIKINA N, BECKER D, ACHE P, et al. , 2001. K$^+$ channel profile and electrical properties of Arabidopsis root hairs [J] . FEBS Letters, 508 (3): 463 - 469.

JESCHKE W D, PATE J S, 1991. Modelling of the partitioning, assimilation and storage of nitrate within root and shoot organs of castor bean (*Ricinus communis* L.)［J］. Journal of Experimental Botany, 42 (242): 1091 - 1103.

JIA B, SUN M, DUANMU H, et al. , 2017. GsCHX19. 3, a member of cation/H⁺ exchanger superfamily from wild soybean contributes to high salinity and carbonate alkaline tolerance［J］. Scientific Reports, 7 (1): 9423.

JORDAN - MEILLE L, PELLERIN S, 2008. Shoot and root growth of hydroponic maize (*Zea mays* L.) as influenced by K deficiency［J］. Plant and Soil, 304 (1/2): 147 - 168.

KARIM R, BOUCHRA B, FATIMA G, et al. , 2021. Plant NHX antiporters: from function to biotechnological application, with case study［J］. Current Protein & Peptide Science, 22 (1): 60 - 73.

KIM E J, KWAK J M, UOZUMI N, et al. , 1998. AtKUP1: an Arabidopsis gene encoding high - affinity potassium transport activity［J］. The Plant Cell, 10 (1): 51 - 62.

KRAEGELOH A, AMENDT B, KUNTE H J, 2005. Potassium transport in a halophilic member of the bacteria domain: identification and characterization of the K⁺ uptake systems TrkH and TrkI from *Halomonas elongata* DSM 2581T［J］. Journal of Bacteriology, 187 (3): 1036 - 1043.

KUNZ H H, GIERTH M, HERDEAN A, et al. , 2014. Plastidial transporters KEA1, - 2, and - 3 are essential for chloroplast osmoregulation, integrity, and pH regulation in Arabidopsis［J］. Proceedings of the National Academy of Sciences of the United States of America, 111 (20): 7480 - 7485.

LACOMBE B, PILOT G, MICHARD E, et al. , 2000. A shaker - like K⁺ channel with weak rectification is expressed in both source and sink phloem tissues of Arabidopsis［J］. The Plant Cell, 12 (6): 837 - 851.

LALITHA M, DHAKSHINAMOORTHY M, 2014. Forms of soil potassium - A review［J］. Agricultural Reviews, 35 (1): 64 - 68.

LATZ A, MEHLMER N, ZAPF S, 2013. Salt Stress Triggers Phosphorylation of the Arabidopsis Vacuolar K⁺ Channel TPK1 by Calcium - Dependent Protein Kinases (CDPKs)［J］. Molecular Plant, 6 (4): 1274 - 1289.

LATZ A, BECKER D, Hekman M, et al. , 2007. TPK1, a Ca²⁺ - regulated Arabidopsis vacuole two-pore K⁺ channel is activated by 14 - 3 - 3 proteins: TPK1 activation by 14 - 3 - 3［J］. The Plant Journal, 52 (3): 449 - 459.

LEBAUDY A, VÉRY A A, SENTENAC H, 2007. K⁺ channel activity in plants: Genes, regulations and functions［J］. FEBS Letters, 581 (12): 2357 - 2366.

LEIDI E O, BARRAGÁN V, RUBIO L, et al. , 2010. The AtNHX1 exchanger mediates potassium compartmentation in vacuoles of transgenic tomato［J］. The Plant Journal: for Cell and Molecular Biology, 61 (3): 495 - 506.

LI H, YU M, DU X, et al. , 2017. NRT1. 5/NPF7. 3 functions as a proton - coupled H⁺/K⁺ antiporter for K⁺ loading into the xylem in Arabidopsis［J］. The Plant Cell, 29 (8): 2016 - 2026.

LI J, LONG Y, Qi G, et al. 2014. The Os - AKT1 channel is critical for K⁺ uptake in rice roots and is modulated by the rice CBL1 - CIPK23 complex［J］. The Plant Cell, 26 (8): 3387 - 3402

LI W, XU G, ALLI A, et al. , 2018. Plant HAK/KUP/KT K⁺ transporters: Function and regulation［J］. Seminars in Cell & Developmental Biology, 74, 133 - 141.

LIU W H, FAIRBAIRN D J, REID R J, et al. , 2001. Characterization of two HKT1 homologues from *Eucalyptus camaldulensis* that display intrinsic osmosensing capability［J］. Plant Physiology, 127 (1):

283 - 294.

LUAN M, TANG R, TANG Y, et al. , 2017. Transport and homeostasis of potassium and phosphate: limiting factors for sustainable crop production [J]. Journal of Experimental Botany, 68 (12): 3091 - 3105.

MAATHUIS F J, SANDERS D, 1994. Mechanism of high - affinity potassium uptake in roots of *Arabidopsis thaliana* [J]. Proceedings of the National Academy of Sciences of the United States of America, 91 (20): 9272 - 9276.

MARSCHNER H, KIRKBY E A, CAKMAK I, 1996. Effect of mineral nutritional status on shoot - root partitioning of photoassimilates and cycling of mineral nutrients [J]. Journal of experimental botany, 47: 1255 - 1263.

MARTEN I, HOTH S, DEEKEN R, et al. , 1999. AKT3, a phloem - localized K$^+$ channel, is blocked by protons [J]. Proceedings of the National Academy of Sciences of the United States of America, 96 (13): 7581 - 7586.

MICHARD E, DREYER I, LACOMBE B, et al. , 2005. Inward rectification of the AKT2 channel abolished by voltage - dependent phosphorylation: Regulation of AKT2 by phosphorylation [J]. The Plant Journal, 44 (5): 783 - 797.

MOULINE K, VERY A A, GAYMARD F, et al. , 2002. Pollen tube development and competitve ability are impaired by disruption of a Shaker K$^+$ channel in Arabidopsis [J]. Genes & Development, 16 (3): 339 - 350.

MUSHKE R, YARRA R, KIRTI P B, 2019. Improved salinity tolerance and growth performance in transgenic sunflower plants via ectopic expression of a wheat antiporter gene (*TaNHX2*) [J]. Molecular Biology Reports, 46 (6): 5941 - 5953.

MÄSER P, HOSOO Y, GOSHIMA S, et al. , 2002. Glycine residues in potassium channel - like selectivity filters determine potassium selectivity in four - loop - per - subunit HKT transporters from plants [J]. Proceedings of the National Academy of Sciences of the United States of America, 99 (9): 6428 - 6433.

NAKAMURA R L, MCKENDREE W L, HIRSCH R E, et al. , 1995. Expression of an Arabidopsis potassium channel gene in guard cells [J]. Plant Physiology, 109 (2): 371 - 374.

NIEVES - CORDONES M, GAILLARD I, 2014. Involvement of the S4 - S5 linker and the C - linker domain regions to voltage - gating in plant Shaker channels: comparison with animal HCN and Kv channels [J]. Plant signaling & behavior, 9 (10): e972892.

NIEVES - CORDONES M, ALEMÁN F, MARTÍNEZ V, et al. , 2014. K$^+$ uptake in plant roots. The systems involved, their regulation and parallels in other organisms [J]. Journal of Plant Physiology, 171 (9): 688 - 695.

NIEVES - CORDONES M, LARA A, RÓDENAS R. , et al, 2019. Modulation of K$^+$ translocation by AKT1 and AtHAK5 in Arabidopsis plants [J]. Plant, Cell & Environment, 42 (8): 2357 - 2371.

NIEVES - CORDONES M, MARTÍNEZ V, BENITO B, et al. , 2016a. Comparison between Arabidopsis and rice for main pathways of K$^+$ and Na$^+$ uptake by roots [J]. Frontiers in Plant Science, 7: 992.

NIEVES - CORDONES M, RODENAS R, CHAVANIEU A, et al. , 2016b. Uneven HAK/KUP/KT protein diversity among angiosperms: species distribution and perspectives [J]. Frontiers in Plant Science, 7: 127.

OSAKABE Y, ARINAGA N, UMEZAWA T, et al, 2013. Osmotic stress responses and plant growth controlled by potassium transporters in Arabidopsis [J] . Plant Cell, 25 (2): 609 - 624.

PADMANABAN S, CHANROJ S, KWAK J M. , et al, 2007. Participation of endomembrane cation/H$^+$ exchanger AtCHX20 in osmoregulation of guard cells [J] . Plant Physiology, 144 (1): 82 - 93.

PAUL W J V D W, TOM D B, ILJA R, et al. , 2001. Slow vacuolar channels from barley mesophyll cells are regulated by 14 - 3 - 3 proteins [J], FEBS Letters, 488 (1): 100 - 104.

PILOT G, LACOMBE B T, GAYMARD F, et al. , 2001. Guard cell inward K$^+$ channel activity in Arabidopsis involves expression of the twin channel subunits KAT1 and KAT2 [J] . Journal of Biological Chemistry, 276 (5): 3215 - 3221.

REINTANZ B, SZYROKI A, IVASHIKINA N, et al. , 2002. AtKC1, a silent Arabidopsis potassium channel alpha - subunit modulates root hair K$^+$ influx [J] . Proceedings of the National Academy of Sciences of the United States of America, 99 (6): 4079 - 4084.

RHOADS D B, EPSTEIN W, 1977. Energy coupling to net K$^+$ transport in *Escherichia coli* K - 12 [J]. Journal of Biological Chemistry, 252 (4): 1394 - 1401.

RUBIO F, FON M, RÓDENAS R, et al. , 2014. A low K$^+$ signal is required for functional high - affinity K$^+$ uptake through HAK5 transporters [J] . Physiologia Plantarum, 152 (3): 558 - 570.

RUBIO F, GASSMANN W, SCHROEDER J I, 1995. Sodium - driven potassium uptake by the plant potassium transporter HKT1 and mutations conferring salt tolerance [J] . Science, 270 (5242): 1660 - 1663.

RUBIO F, SANTA-MARÍA G E, RODRÍGUEZ - NAVARRO A, 2000. Cloning of Arabidopsis and barley cDNAs encoding HAK potassium transporters in root and shoot cells [J] . Physiologia Plantarum, 109 (1): 34 - 43.

SANTA - MARÍA G E, RUBIO F, DUBCOVSKY J, et al. , 1997. The HAK1 gene of barley is a member of a large gene family and encodes a high - affinity potassium transporter [J] . The Plant Cell, 9 (12): 2281 - 2289.

SCHACHTMAN D P, SCHROEDER J I, LUCAS W J, et al. , 1992. Expression of an inward - rectifying potassium channel by the Arabidopsis KAT1 cDNA [J] . Science, 258 (5088): 1654 - 1658.

SCHLÖSSER A, HAMANN A, BOSSEMEYER D, et al. , 2010. NAD$^+$ binding to the *Escherichia coli* K$^+$ - uptake protein TrkA and sequence similarity between TrkA and domains of a family of dehydrogenases suggest a role for NAD$^+$ in bacterial transport [J] . Molecular Microbiology, 9 (3): 533 - 543.

SCHLÖSSER A, MELDORF M, STUMPE S, et al. , 1995. TrkH and its homolog, TrkG, determine the specificity and kinetics of cation transport by the Trk system of *Escherichia coli* [J] . Journal of Bacteriology, 177 (7): 1908 - 1910.

SCHROEDER J I, FANG H H, 1991. Inward - rectifying K$^+$ channels in guard cells provide a mechanism for low - affinity K$^+$ uptake. [J] . Proceedings of the National Academy of Sciences of the United States of America, 88 (24): 11583 - 11587.

SHABALA S, DEMIDCHIK V, SHABALA L, et al. , 2006. Extracellular Ca^{2+} ameliorates Nacl - induced K$^+$ loss from Arabidopsis root and leaf cells by controlling plasma membrane K$^+$ - permeable channels [J] . Plant Physiology, 141 (4): 1653 - 1665.

SHARMA T, DREYER I, RIEDELSBERGER J, 2013. The role of K$^+$ channels in uptake and redistribution of potassium in the model plant *Arabidopsis thaliana* [J] . Frontiers in Plant Science, 4: 224 - 240.

SHEN Y, SHEN L, SHEN Z, et al. , 2015. The potassium transporter OsHAK21 functions in the maintenance of ion homeostasis and tolerance to salt stress in rice [J] . Plant, Cell & Environment, 38

(12)：2766 - 2779.

SU Y，LUO W，ZHAO X，et al.，2015. Functional analysis of a high - affinity potassium transporter Pa-HAK1 from *Phytolacca acinosa* by overexpression in eukaryotes [J]. Plant and Soil，397：63 - 73.

SZE H，CHANROJ S，2018. pH and Ion homeostasis on plant endomembrane dynamics：insights from structural models and mutants of K$^+$/H$^+$ antiporters [J]. Plant Physiology，177 (3)：875 - 895.

TESTER M，DAVENPORT R，2003. Na$^+$ tolerance and Na$^+$ transport in higher plants [J]. Annals of Botany，91 (5)：503 - 527.

UOZUMI N，KIM E J，RUBIO F，et al.，2000. The Arabidopsis *HKT1* gene homolog mediates inward Na$^+$ currents in xenopus laevis oocytes and Na$^+$ uptake in *Saccharomyces cerevisiae* [J]. Plant Physiology，122 (4)：1249 - 1259.

VENEMA K，BELVER A，MARIN - MANZANO M C，et al.，2003. A novel intracellular K$^+$/H$^+$ antiporter related to Na$^+$/H$^+$ antiporters is important for K$^+$ ion homeostasis in plants [J]. The Journal of Biological Chemistry，278 (25)：22453 - 224539.

VOELKER C，SCHMIDT D，MUELLER - ROEBER B，et al.，2006. Members of the Arabidopsis At-TPK/KCO family form homomeric vacuolar channels in planta [J]. The Plant Journal ：for Cell and Molecular Biology，48 (2)：296 - 306.

VÉRY A A，SENTENAC H，2003. Molecular mechanisms and regulation of K$^+$ transport in higher plants [J]. Annual Review of Plant Biology，54 (1)：575 - 603.

WALKER D J，LEIGH R A，MILLER A J，1996. Potassium homeostasis in vacuolate plant cells [J]. Proceedings of the National Academy of Sciences of the United States of America，93 (19)：10510 - 10514.

WANG H，LIANG X，WAN Q，et al.，2009. Ethylene and nitric oxide are involved in maintaining ion homeostasis in Arabidopsis callus under salt stress [J]. Planta，230 (2)：293 - 307.

WANG T，REN Z，LIU Z，et al.，2014. SbHKT1；4, a member of the high - affinity potassium transporter gene family from *Sorghum bicolor* , functions to maintain optimal Na$^+$/K$^+$ balance under Na$^+$ stress [J]. Journal of Integrative Plant Biology，56 (3)：315 - 332.

WANG Y H，GARVIN D F，KOCHIAN L V，2002. Rapid induction of regulatory and transporter genes in response to phosphorus，potassium，and iron deficiencies in tomato roots：Evidence for cross talk and root/rhizosphere - mediated signals [J]. Plant Physiology，130 (3)：1361 - 1370.

Wang Y，He L，Li H D，et al.，2010. Potassium channel α - subunit AtKC1 negatively regulates AKT1 - mediated K$^+$ uptake in Arabidopsis roots under low - K$^+$ stress [J]. Cell Research，20：826 - 837.

WANG Y，Wu W，2013. Potassium transport and signaling in higher plants [J]. Annual Review of Plant Biology，64 (1)：451 - 476.

WIGODA N，PASMANIK - CHOR M，YANG T，et al.，2017. Differential gene expression and transport functionality in the bundle sheath versus mesophyll - a potential role in leaf mineral homeostasis [J]. Journal of Experimental Botany，68 (12)：3179 - 3190.

XU J，LI H，CHEN L，et al.，2006. A protein kinase，interacting with two calcineurin B - like proteins，regulates K$^+$ transporter AKT1 in Arabidopsis [J]. Cell，125 (7)：1347 - 1360.

YANG T，Zhang S，Hu Y，et al.，2014. The role of a potassium transporter OsHAK5 in potassium acquisition and transport from roots to shoots in rice at low potassium supply levels [J]. Plant Physiology，166 (2)：945 - 959.

YARRA R，KIRTI P B，2019. Expressing class I wheat NHX (*TaNHX2*) gene in eggplant (*Solanum mel-*

ongena L.) improves plant performance under saline condition [J] . Functional & Integrative Genomics, 19 (4): 541 - 554.

YOKOI S, QUINTERO F J, CUBERO B, et al. , 2002. Differential expression and function of *Arabidopsis thaliana* NHX Na⁺/H⁺ antiporters in the salt stress response [J] . The Plant Journal, 30 (5): 529 - 539.

YUAN H, MA Q, WU G, et al. , 2015. ZxNHX controls Na⁺ and K⁺ homeostasis at the whole - plant level in *Zygophyllum xanthoxylum* through feedback regulation of the expression of genes involved in their transport [J] . Annals of Botany, 115: 495 - 507.

ZHANG H, KIM M, SUN Y, et al. , 2008. Soil bacteria confer plant salt tolerance by tissue - specific regulation of the sodium transporter HKT1 [J] . Molecular Plant - Microbe Interactions : MPMI, 21 (6): 737 - 744.

ZHAO J, CHENG N, MOTES C M, et al. , 2008. AtCHX13 is a plasma membrane K⁺ transporter [J]. Plant Physiology, 148 (2): 796 - 807.

ZHAO J, LI P, MOTES C M, et al. , 2015. CHX14 is a plasma membrane K - efflux transporter that regulates K⁺ redistribution in *Arabidopsis thaliana* [J] . Plant, Cell & Environment, 38 (11): 2223 - 2238.

ZHU X, PAN T, ZHANG X, et al. , 2018. K⁺ efflux antiporters 4, 5, and 6 mediate pH and K⁺ homeostasis in endomembrane compartments [J] . Plant Physiology, 178 (4): 1657 - 1678.

第六章

Na⁺的吸收和运输

土壤盐渍化是全球农业生产面临的主要问题之一。根据联合国粮食及农业组织数据，在 100 多个国家中，约有 10 亿 hm² 的土地受到土壤盐度的影响（Ma et al.，2015）。土壤中的盐，主要指 NaCl。NaCl 可以进入植物的体细胞质内，通过影响各类生理生化过程，抑制其生长发育，最终削弱其产量（Madhu et al.，2022；Tyagi et al.，2020；Mishra and Sharma.，2019）。虽然 Na⁺ 不是植物生长发育所必需的营养元素，但却是植物维持渗透势、水分吸收和细胞膨压等基本功能的先决条件（Pardo and Quintero.，2002）。Na⁺ 和 K⁺ 同为碱金属元素，Na⁺ 的离子半径在 1.02～1.16A，K⁺ 的离子半径在 1.38～1.52A，约为 Na⁺ 的 1.3 倍（Benito et al.，2014）。这种相似性使得 Na⁺ 和 K⁺ 在某些植物生理过程中发挥类似的作用，如有益的渗透调节剂等，但关于 Na⁺ 能否代替 K⁺ 行使功能以及 Na⁺ 是否对植物生长绝对有害的问题仍存在争议（Galamba，2012）。因此，深入探究 Na⁺ 的吸收和运输机理，能够为探讨 Na⁺、K⁺ 在植物体内的稳态平衡过程、提高植物耐盐性提供重要理论依据。

第一节　植物体内的 Na⁺ 吸收转运蛋白

关于高等植物中 Na⁺ 吸收的各种分子生物机制，国内外已经展开了广泛的研究。截至目前，已发现 HKT 类高亲和性 K⁺ 转运蛋白、Na⁺ - H⁺ 反向转运体（NHX）、非选择性阳离子通道（NSCC）和电压非依赖性通道（VIC）、低亲和性阳离子转运蛋白（LCT1）、内整流 K⁺ 通道 AKT1 和 HAK 类 K⁺ 转运蛋白等通道或蛋白均可能参与高等植物中 Na⁺ 的吸收。

一、HKT 类高亲和性 K⁺ 转运蛋白

HKT 是高亲和性 K⁺ 转运蛋白家族中的一个大亚组，广泛存在于细菌、真菌和植物中（Liu et al.，2000）。根据系统发育分析，HKT 可分为 3 个亚类（即Ⅰ、Ⅱ、Ⅲ）（Horie et al.，2011；Tada et al.，2018）。其中，Ⅰ亚家族转运体的第一个 MPAM 基序中存在一个高度保守的丝氨酸（Ser）残基；Ⅱ亚家族成员的同一位置为甘氨酸（Gly）残基（Su et al.，2015）；Ⅲ亚家族成员与Ⅱ亚家族相似，具有典型的 GlyGlyGlyGly 型特

征。这些基团中，Gly 和 Ser 的差异可能是它们对不同的阳离子具有不同选择性的根本原因（Horie et al.，2011）。根据这些特征，植物 HKT 转运体又可分为 SerGlyGlyGly 型和 GlyGlyGlyGly 型两类。SerGlyGlyGly 型属于 Na$^+$ 单向转运通道，而 GlyGlyGlyGly 型主要表现出对 K$^+$、Mg^{2+} 和 Ca^{2+} 的渗透性，其中，GlyGlyGlyGly 型对多种离子的选择性可能源于 Gly 取代 Ser 残基后，其结构相对更为灵活（Su et al.，2015）。尽管如此，在水稻中，OsHKT2；1 蛋白对离子的选择性却是一个例外，它表现出依赖于外部 Na$^+$ 和 K$^+$ 浓度的 3 种选择模式（Horieet al.，2001；Yao et al.，2009；Horie et al.，2011）。根据氨基酸成分和离子选择特性，HKT 家族最终被分为两个完全不同的亚家族：小麦 TaHKT2；1 是亚家族 I 的典型代表，其功能主要是 Na$^+$-K$^+$ 共转运（Schachtman and Schroeder，1994；Rubio et al.，1995；Gassmann et al.，1996），其同源物也已从其他众多植物中分离得到，包括水稻 OsHKT2；2、桉树 EcHKT1；1、桉树 EcHKT1；2、冰叶日中花 McHKT1；1 等；拟南芥 AtHKT1；1 是亚家族 II 的典型代表，其主要功能是 Na$^+$ 的特异性转运，尤其负责调节 K$^+$ 匮缺下的 Na$^+$ 吸收，其同源物也已从其他植物中分离获得，如水稻 OsHKT2；1 和 OsHKT1；5（Rubio et al.，1995；Rus et al.，2001；Berthomieu et al.，2003；Rus et al.，2004；Ren et al.，2005；Horie et al.，2007）。Schachtman 和 Schroeder（1994）首先从小麦中克隆得到 TaHKT2；1，并发现它主要参与 K$^+$ 吸收。Rubio 等（1995）随后便更新了这一研究结果，指出 TaHKT2；1 的主要功能是高亲和性 Na$^+$-H$^+$ 共转运体，在微摩尔水平的 Na$^+$ 浓度下，激活高亲和性 K$^+$ 吸收过程，在低浓度 K$^+$ 条件下，激活高亲和性 Na$^+$ 的吸收过程（Rubio et al.，1995）。同样，小麦 TaHKT2；1 对 Na$^+$ 和 K$^+$ 均具有渗透性（Gassmann et al.，1996）。大麦中，HvHKT2；1 的过表达显示它对 Na$^+$ 和 K$^+$ 具有共转运能力，并赋予了非洲爪蟾卵母细胞耐盐性（Mian et al.，2011）。EcHKT1；1 和 EcHKT1；2 在桉树根、茎、叶中均有表达，在非洲爪蟾卵母细胞中异源表达 EcHKT1；1 和 EcHKT1；2，发现两者均参与 Na$^+$ 和 K$^+$ 的吸收（Fairbairn et al.，2000；Liu.，2001）。从盐生植物冰叶日中花中分离到的 McHKT1；1，其编码蛋白与其他植物中的 HKT1 蛋白的同源性达到 41%~61%。因此，学者认为它可能在冰叶日中花维持体内离子平衡过程中发挥重要作用（Su et al.，2003）。在水稻中，OsHKT2；1 和 OsHKT2；2 首先是从耐盐型品种 Pokkali 中分离得到的，它们的 Na$^+$、K$^+$ 转运特性不同：OsHKT2；1 是 Na$^+$ 转运体，而 OsHKT2；2 是 Na$^+$-K$^+$ 共转运体（Horie et al.，2011）。经 Na$^+$、Li$^+$、Rb$^+$、Cs$^+$ 处理后，无论是在耐盐型品种还是盐敏感品种中，OsHKT2；1 的转录水平均显著下降；而且在根表皮及中柱组织内皮层中表达；在盐胁迫下，OsHKT2；1 在两类品种中的受抑制程度在不同的组织中存在差异，主要集中在根的中柱组织。由此可见，导致耐盐型品种和盐敏感品种差异的主要原因是根中柱组织中 HKT 的差异性表达（Golldack et al.，2002）。

　　目前，在拟南芥中仅分离得到 AtHKT1；1。Rus 等（2001）研究发现，AtHKT1；1 的突变可以缓解 sos3 突变体的盐敏感表型，并且使 sos3 植株 Na$^+$ 积累水平下降，因此提出 AtHKT1；1 介导拟南芥根系对 Na$^+$ 的吸收。随后 Berthomieu 等（2003）发现，在盐胁迫下，拟南芥 athkt1；1 突变体内的 Na$^+$ 内流未受抑制，但植株体内的 Na$^+$ 分配发生了改变，其地上部积累了更多的 Na$^+$，同时韧皮部中 Na$^+$ 含量减少，基于此提出，

AtHKT1；1 的作用可能是通过将地上部 Na$^+$ 装载到韧皮部，然后再卸载到根部，来实现植株体内 Na$^+$ 从地上部到根的再循环。Parket 等（2005）通过抗体定位和 GUS 染色分析发现，AtHKT1；1 定位于拟南芥地上部木质部薄壁细胞的质膜上，由此提出 AtHKT1；1 的主要功能是将拟南芥地上部 Na$^+$ 从木质部卸载到木质部薄壁细胞，通过共质体途径进入韧皮部，最后通过韧皮部再循环到根中，保护植物地上部免受 Na$^+$ 的毒害。而 Davenport 等（2007）指出，AtHKT1；1 控制 Na$^+$ 在根部的积累及其从木质部中的回收，并不参与根部对 Na$^+$ 的吸收和韧皮部的再循环。可见，关于 AtHKT1；1 的具体功能仍存在争议。

二、Na$^+$ - H$^+$ 反向转运体（NHX）

Na$^+$ - H$^+$ 反向转运体（NHX）不仅在 Na$^+$ 和 K$^+$ 稳态中起着关键作用，还能调节细胞内的 pH。根据亚细胞定位，NHX 可分为 3 个组，即液泡型、质膜型和内体型（Yarra，2019）。在拟南芥中共鉴定出 8 个 NHX 家族成员，其中 AtNHX1～4 属于液泡型，AtNHX5 和 AtNHX6 属于内体型，AtNHX7（又名 SOS1）和 AtNHX8 则属于质膜型（Bassil，2012）。这些具有不同定位的 NHX 蛋白作用机制各不相同。*AtNHX1* 是第一个在拟南芥中发现的、与动物 NHE 家族的 Na$^+$ - H$^+$ 反向转运体基因和酵母的 *ScNHX1* 基因具有同源性的基因（Gaxiola et al.，1999）。在液泡膜 H$^+$ - ATP 酶和液泡膜 H$^+$ 焦磷酸酶的帮助下，液泡膜 Na$^+$ - H$^+$ 反向转运体 NHX1 将细胞质中的 Na$^+$ 转运至液泡内，并在液泡与质体间产生 H$^+$ 电化学梯度。而 AtNHX5、AtNHX6 和 AtNHX7（SOS1）、AtNHX8 则分别向液泡和核内体运输 Na$^+$、K$^+$，然后向细胞质输出 H$^+$ 离子（Bassil，2012）。NHX 在低等植物和高等植物中广泛存在，这确保了它们在所有植物类群中的保守性和重要性（Chanroj et al.，2012）。学者通过研究 *NHX* 基因在植物发育和胁迫反应的作用，证明 NHX 转运体参与植物多种生理过程和抗逆胁迫反应（Barragán et al.，2012；Zhang et al.，2017；Sharma et al.，2020）。随着生物信息学的发展，研究者们借助全基因组测序技术发现，*NHX* 基因在不同的植物类群中均存在（Ye et al.，2013；Ma et al.，2015；Zhou et al.，2016；Sharma et al.，2020；Wang et al.，2020）。

植物质膜 Na$^+$ - H$^+$ 反向转运体 SOS1 首次在大麦（*Hordeum vulgare*）中发现（Ratner and Jacoby，1976）。SOS1 的 C 端的亲水性尾巴约有 700 个氨基酸，占编码区序列的 60%，该区域包含多个蛋白激酶位点，N 端为高度疏水结构，由 10～12 个跨膜结构域组成，负责 Na$^+$ 转运（Blumwald，2000）。盐胁迫下，Ca^{2+} 库中的 Ca^{2+} 内流到细胞质，激活一种钙结合蛋白 SOS3（CBL4），激活的 SOS3 与丝氨酸-苏氨酸蛋白激酶 SOS2（CIPK24）蛋白相互作用，促进 SOS2 蛋白的激活，进一步磷酸化并激活位于质膜上的 SOS1，促进 Na$^+$ 外排。SOS2 不仅激活 SOS1，还激活位于液泡膜上的各种 Na$^+$ - H$^+$ 反向转运体（NHX）（Kushwaha et al.，2011），这些转运体均有助于 Na$^+$ 从细胞质中外排，从而保证离子稳态平衡（Tang et al.，2012）。

在 Na$^+$ 外排功能缺失的酵母突变体中过表达水稻 *OsSOS1*、小麦 *TaSOS1*、拟南芥 *AtSOS1*、番茄 *SlSOS1* 与芦苇（*Phragmites australis*）*PaSOS1*，可显著降低突变体对

Na⁺ 的敏感性，增加质膜 Na⁺ - H⁺ 交换活性，促进 Na⁺ 从胞质外排，降低胞质 Na⁺ 的含量，这表明 SOS1 可能参与植物 Na⁺ 的外排（Shi et al.，2000；Martínez - Atienza et al.，2007；Wu et al.，2007；Xu et al.，2008；Takahashi et al.，2009）。研究者通过 RNA 干扰技术，沉默盐生植物盐芥（*Thellungiella halophila*）ThSOS1 基因后，发现在盐胁迫下（150 mmol/L NaCl），转基因植株根尖细胞 Na⁺ 浓度显著增加，且伴有细胞膜损坏、根部液泡破碎的现象，Na⁺ 通过质外体途径进入中柱并在地上部大量积累，引起叶片脱水萎蔫，这表明 ThSOS1 参与盐芥的 Na⁺ 外排（Oh et al.，2009a，2009b）。

SOS1 不仅参与根尖 Na⁺ 外排，还与 Na⁺ 的长距离运输有关。在高盐胁迫下，拟南芥 *sos1* 突变体的生长被显著抑制，地上部和根系中积累的 Na⁺ 增加，盐浓度降低后，地上部和根系中积累的 Na⁺ 减少，这表明 SOS1 可能与 Na⁺ 的长距离运输有关（Shi et al.，2002）。在盐芥中，轻度盐胁迫下，ThSOS1 被认为参与 Na⁺ 在木质部的卸载（Kant et al.，2006）。除此之外，番茄的 *SlSOS1* 被敲除后，在盐胁迫下，转基因植株根系和叶片中积累的 Na⁺ 增多，茎中积累的 Na⁺ 减少，证明 SlSOS1 可能参与 Na⁺ 的长距离运输（Wang et al.，2021）。

三、非选择性阳离子通道（NSCC）和电压非依赖性通道（VIC）

电生理学研究表明，在植物根系皮层中，NSCC - VIC 可介导植物 Na⁺ 跨内流（Amtmann and Sanders.，1998；Tyerman and Skerrett.，1998）。一般情况下，NSCC 和 VIC 的 Na⁺、K⁺ 选择性表现得比外整流通道还低。已有研究表明，NSCC 对一些阳离子的选择性顺序为 $NH^+ > Rb^+ > K^+ > Cs^+ > Na^+ > Li^+ > TEA^+$（White.，1999）。在仅存 Na⁺ 或 K⁺ 的情况下，测试整个细胞内外电流，发现 Na⁺ 的存在能够代替细胞外的 K⁺，从而显著降低细胞内的电流，并且在 -170 mV 的生理膜势下，K⁺/Na⁺ 电流比显著升高，最高升至 30，这一结果证实了 Na⁺ 主要的吸收途径不可能是电压依赖型通道（Maathuis and Anna et al.，1999）。因此，在高浓度盐胁迫下，介导 Na⁺ 进入植物根系的主要途径是 NSCC，因为通过抑制 NSCC 能够缓解盐胁迫对植物造成的伤害。有研究指出，VIC 的主要生理功能可能只是提供充足的电导率，进而保证 H⁺ 泵可源源不断地工作（Amtmann and Sanders.，1998），因此，通过 VIC 长时间地吸收 Na⁺ 将出现问题，所以，White 和 Ridoutd（1995）的研究指出，在盐渍化环境下，为避免吸收过量的 Na⁺，植物将不得不下调此类通道的活性。例如在小麦中，NSCC 定位于小麦根中的脂双层中，在根系皮层的原生质体中，NSCC 介导 Na⁺ 的单向内流，因此，这很可能是毒性 Na⁺ 进入小麦的主要机制（Tyerman et al.，1997）。VIC 被环核苷酸（cAMP 或 cGMP）抑制后，拟南芥体内 Na⁺ 的积累降低了，植株耐盐性提高（Maathuis and Anna et al.，1999）。

有研究学者认为，拟南芥核苷酸通道 AtCNGC2 对 K⁺ 的选择性大于 Na⁺，这与对 K⁺ 具有高选择性的 KAT1 通道类似（Leng et al.，2002）。而 Leng 等（2002）和 Hua 等（2003）提出，AtCNGC2 缺少 "GYG" 这样一个对 K⁺ 具有高选择性的位点。然而 Maathuis 和 Anna（1999）认为，拟南芥核苷酸通道 AtCNGC2 和 AtCNGC1 可能并不是 NSCC 通道，因为 AtCNGC2 和 AtCNGC1 是被环核苷酸激活的，AtCNGC2 具有不同的选择性。在酵母细胞中表达 AtCNGC3，发现它在 Na$^+$ 和 K$^+$ 吸收中发挥了重要作用（Gobert et al.，2006）。还有研究表明，AtCNGC2 可能在细胞死亡方面发挥重要作用（Clough et al.，2000；Köhler et al.，2001）。于是，Chan 等（2003）推测 AtCNGC2 在植物的生长发育中发挥至关重要的作用，其功能缺失突变影响植物的生长和繁殖，促使细胞死亡，植物对生物和非生物胁迫产生适应性反应。以上研究结果都表明，AtCNGC2 在生理 Ca^{2+} 浓度下对植物生长是一个重要的决定性因素。

总之，NSCC - VIC 在植物吸收 Na$^+$ 过程中可能发挥着很重要的作用，但是它们确切的分子机制还未被阐明，目前已在数据库中发现很多候选基因可能编码着 NSCC - VIC 类通道蛋白（Demidchik and Tester.，2002；Apse and Blumwald.，2007）。

四、低亲和性阳离子转运蛋白（LCT1）

LCT 被认为介导了 Na$^+$ 的流入。第一个从小麦中分离出来的 LCT 被命名为低亲和性阳离子转运蛋白（LCT1），与 NSCC 具有一定的同源性（Amtmann et al.，2001）。LCT1 的二级结构分析显示，该蛋白包含 1 个亲水性的氨基酸末端、8～10 个跨膜螺旋结构。末端序列包含丰富的苏氨酸、甘氨酸、脯氨酸和色氨酸。LCT1 不仅调节低亲和性 Na$^+$ 和 Rb$^+$ 的吸收，还可能调节 Ca^{2+} 的吸收，在小麦根和叶中表达量较低。因此，有学者认为 LCT1 可能仅存在于小麦中（Danielet et al.，1997）。将小麦 LCT1 在酵母中表达，发现 LCT1 具有 Na$^+$ 转运的作用，进而导致细胞中 K$^+$/Na$^+$ 比降低（Amtmann et al.，2001）。然而，LCT1 的具体作用机制尚不明确，Plett 和 Møller（2010）认为 LCT1 并没有直接参与 Na$^+$ 的转运。此外，由 LCT1 介导的 Na$^+$ 吸收受高浓度 K$^+$ 和 Ca^{2+} 的抑制，在培养介质中添加 K$^+$ 或 Ca^{2+} 可使表达 LCT1 的转基因酵母菌株在盐介质中存活下来。同时，LCT1 还调节 Li$^+$ 和 Cs$^+$ 的吸收，将表达 N 端缺失的 LCT1 序列转入酵母菌株，发现它对 Ca^{2+} 的吸收能力相比于表达 LCT1 全序列的酵母菌株显著下降，但是耐盐性显著增强（Schachtman and Munns，1992）。Zhang 等（2010）认为，LCT1 在盐渍条件下对 Ca^{2+} 敏感，土壤中毫摩尔浓度水平的 Ca^{2+} 都会抑制 LCT1 的活性。在低浓度 Ca^{2+}（0.01～1 mmol/L）条件下，转化 LCT1 的植株表现出了更加明显的特征，即生长更旺盛，地上部 Ca^{2+} 显著增加。在 1 mmol/L Ca^{2+} 生长介质中，用 0.05 mmol/L Cd（NO$_3$）$_2$ 处理转基因植物，发现植株表现出持续高水平的 Cd^{2+} 容性，同时，其根中的 Cd^{2+} 浓度显著下降。以上结果首次证实 LCT1 参与植物对 Ca^{2+} 的获取，并能利用 Ca^{2+} 缓解 Cd^{2+} 的毒害作用（Antosiewicz and Hennig，2004）。综上所述，LCT 的作用机制和离子特异性还需要更深入的研究。

五、内整流 K$^+$ 通道 AKT1 和 HAK 类 K$^+$ 转运蛋白

AKT1 是介导植物 K$^+$ 吸收的重要成员（参见第五章第二节中"一、根部对 K$^+$ 的吸收"）。尽管如此，亦有研究表明，AKT1 能够参与 Na$^+$ 的吸收转运过程（Golldack et al.，2003；Nieves - Cordones et al.，2010）。水稻中 OsAKT1 的转录水平受植物体内 Na$^+$ 的

积累的影响：用 150 mmol/L NaCl 处理 48h 后，在耐盐水稻品种中，*OsAKT1* 的转录从植物皮层和内皮层消失；而在盐敏感水稻品种中，*OsAKT1* 的转录水平未发生任何变化，同时盐敏感品种的叶片中积累的 Na$^+$ 浓度是耐盐品种的 7～140 倍（Golldack et al.，2003）。对 *OsAKT1* 在不同盐敏感型水稻品种中的组织特异性表达进行进一步分析发现：无论在 4 mmol/L 或是 100 mmol/L 的 K$^+$ 浓度下，*OsAKT1* 均能表达。由此可见，*OsAKT1* 的表达与否与外界 K$^+$ 浓度无关，但是在 150 mmol/L NaCl 条件下，整株 Na$^+$ 积累或外排取决于 *OsAKT1* 的组织特异性表达。*OsAKT1* 表达水平下调是对盐胁迫的响应，同时，根原生质体中的内整流 K$^+$ 电流显著降低，因此，在水稻根系中，OsAKT1 被确定为主要的 Na$^+$ 吸收通道（Fuchs et al.，2005）。当环境中的 Na$^+$ 浓度增加时，AKT1 能够介导一个显著的 Na$^+$ 吸收过程；当培养基质中缺 K$^+$ 时，*TaAKT1* 的表达水平上调，同时伴随着 Na$^+$ 电流的瞬时增强，可见 TaAKT1 在根系对 Na$^+$ 的吸收和 K$^+$ 饥饿胁迫响应过程中发挥了重要作用（Buschmann et al.，2000）。此外，AKT1 与动物的 Shaker 型 K$^+$ 通道具有高度同源性，有研究表明，在正电势的条件下，大量的 Na$^+$ 能够通过动物的 Shaker 型 K$^+$ 通道，这从另一侧面为 AKT1 可能参与植物 Na$^+$ 吸收提供了依据（Starkus et al.，2000；Wang et al.，2002）。

HAK/KT/KUP 作为最大的 K$^+$ 吸收转运体家族，有部分成员与 AKT1 一样，参与了植物对 Na$^+$ 的吸收转运（Li et al.，2018）。在冰叶日中花中，*McHAK1* 和 *McHAK4* 在根和叶中的表达水平不仅受 K$^+$ 饥饿诱导，还受 400 mmol/L NaCl 诱导；除此之外，*McHAK2* 和 *McHAK3* 在叶片中的表达水平受高浓度盐刺激，而在根中的表达水平则受高浓度盐分的瞬时诱导（Su et al.，2002）。在辣椒（*Capsicum annuum*）中，CaHAK1 调节高亲和性 K$^+$ 和 Rb$^+$ 的吸收，并且 Rb$^+$ 的吸收被微摩尔数量级浓度的 NH$^+$、Cs$^+$ 和毫摩尔数量级浓度的 Na$^+$ 完全抑制（Martínez-Cordero et al.，2004）。有研究者观察到，Na$^+$ 的存在会限制植物对 K$^+$ 的获取（Rodríguez-Navarro，2000；Subbarao et al.，2003），针对这一现象，研究人员提出了假说：当外界缺乏 K$^+$ 时，植物吸收部分 Na$^+$ 代替 K$^+$ 行使功能，至少可以避免细胞内 pH 的下降，这种机制胜过不获取任何阳离子（Carden et al.，2003；Rodríguez-Navarro and Rubio，2006），这样，细胞质或液泡中积累的 Na$^+$ 不会对细胞产生毒害作用。在芦苇中，不管在正常 K$^+$ 浓度还是缺 K$^+$ 的情况下，*PhaHAK5* 仅在盐敏感芦苇中表达，在耐盐型芦苇中不表达。将分离获得的 *PhaHAK5* 异源表达于酵母细胞，发现它参与 Na$^+$ 的吸收；而且在盐胁迫下，异源表达 *PhaHAK5* 的酵母细胞吸收 K$^+$ 的能力显著低于异源表达 *PhaHAK1* 的酵母细胞。由此推测，Pha-HAK5 很有可能参与了芦苇根系对 Na$^+$ 的吸收过程（Takahashi et al.，2007b）。随后，分别从盐敏感和耐盐型芦苇中克隆分离得到 *PhaHAK2-u* 和 *PhaHAK2-n*，再分别异源表达于酵母中，发现在盐胁迫下，表达 *PhaHAK2-n* 的菌株吸收 K$^+$ 的能力显著高于表达 *PhaHAK2-u* 的菌株，吸收 Na$^+$ 的能力急剧下降（Takahashi et al.，2007c）。可见，PhaHAK2 是盐敏感芦苇中 Na$^+$ 的吸收途径，在耐盐型芦苇中却是 K$^+$ 的吸收途径，以此来维持盐胁迫下植物体内 Na$^+$/K$^+$ 比在较低的水平。另外还有研究发现，苔藓（*Physcomitrella patens*）和酵母（*Tarrowia lipolytica*）的 HAK 家族蛋白参与 Na$^+$ 的吸收过程。该家族还可能是海滨碱蓬（*Suaeda maritima*）根系低亲和性 Na$^+$ 吸收途径的候选者。可见，该家族虽然是 K$^+$ 吸收通道或转运蛋白，但也介导 Na$^+$ 的吸收转运（Benito et al.，2012）。

第二节　植物体内 Na$^+$ 的吸收和运输

为了降低细胞质中高浓度 Na$^+$ 带来的毒害作用，植物需要通过不同的生理机制来维持较低的 Na$^+$ 浓度。为此，植物可能通过一种或几种机制来限制细胞质中的 Na$^+$ 浓度以增强其耐盐性，如限制根系 Na$^+$ 的内流，控制木质部 Na$^+$ 的装载和回收、韧皮部 Na$^+$ 再循环、Na$^+$ 的外排、将细胞质内 Na$^+$ 向液泡中区域化以及 Na$^+$ 分泌等（Maathuis and Anna，1999；Munns et al.，2006；Apse and Blumwald，2007；Munns，2010）

一、根系对 Na$^+$ 的吸收

植物对 Na$^+$ 的感知和流入是一个复杂且极具争议的问题。前期研究已经证明，根系通过非选择性阳离子通道（NSCC）吸收盐，然后传递到质膜，NSCC 受各种盐诱导信号的调控（Demidchik and Maathuis，2010）。除此之外，由于 Na$^+$ 与 K$^+$ 相似的理化性质，Na$^+$ 经常竞争 K$^+$ 的结合位点，这导致植物根系 K$^+$ 转运体在 Na$^+$ 吸收过程中发挥了一定的作用，但它们在 Na$^+$ 内流中的实际贡献仍存在众多争论（Kronzucker and Britto，2011）。

大量的电生理研究表明，非选择性阳离子通道（NSCC）参与盐胁迫下植物根系对 Na$^+$ 的吸收过程。迄今为止，已经鉴定到 NSCC 家族的许多成员，根据膜电位的变化响应，可分为去极化激活通道（DA－NSCC）、超极化激活通道（HA－NSCC）和电压不敏感通道（VI－NSCC）三大亚族。其中，DA－NSCC 的活性已在模式植物和非模式植物的各种细胞中得到验证，包括拟南芥、大麦、菜豆（*Phaseolus vulgaris*）、天蓝遏蓝菜（*Thlaspi caerulescens*）等（Demidchik and Maathuis，2010）。并且有研究发现，盐胁迫下，DA－NSCC 参与根细胞中 Ca^{2+} 的传导和 K$^+$ 的释放过程（Shabala et al.，2006），而关于其是否介导盐胁迫下 Na$^+$ 的吸收尚未有确切定论。HA－NSCC 固有的门控特性是质膜超极化，并非伴随盐的加入而产生，因此针对该亚族成员并未开展其介导盐胁迫下 Na$^+$ 吸收作用的研究（Kronzucker et al.，2010）。而 VI－NSCC 与经典的电流-电压关系有关，可介导内向和外向电流，因此在植物中可能参与 Na$^+$ 的内流和外排过程（Shabala et al.，2006）。

低亲和性阳离子转运蛋白 LCT1 目前仅从小麦中分离获得，在酵母细胞中表达基因 *TaLCT1*，使得在盐处理下酵母细胞内的 K$^+$/Na$^+$ 比显著下降（Schachtman et al.，1997；Amtmann et al.，2001）。尽管如此，TaLCT1 在酵母中转运 Na$^+$ 的能力受外界 K$^+$ 和 Ca^{2+} 的影响，特别是 LTC1 对介质中的 Ca^{2+} 高度敏感（Amtmann et al.，2001；Zhang et al.，2010）。盐渍土壤中高浓度的 Ca^{2+} 足以抑制 LTC1 的活性，从而抑制 Na$^+$ 内流，因此推测 LTC1 可能不参与盐胁迫下植物初级 Na$^+$ 吸收过程（Schachtman and Liu，1999；Garciadeblas et al.，2003；Hirschi，2004；Kronzucker et al.，2008）。

HKT 家族成员首先在小麦中被发现，起初在酵母 K⁺ 吸收缺陷突变体和爪蟾卵母细胞中鉴定到的功能为 K⁺－H⁺ 共转运蛋白（Schachtman and Schroeder，1994）。基于这些结果，该家族被命名为"高亲和性 K⁺ 转运蛋白"，而后来的实验表明这个名字并非完全合适。从很多植物中分离到的 HKT 类蛋白被证明为 Na⁺ 单向转运蛋白或 Na⁺－K⁺ 共转运体，它们似乎在植物耐盐性，而非 K⁺ 营养方面，发挥更重要的作用。基于此，首先将 HKT 超表达在非洲爪蟾卵母细胞和酵母中，通过测定介质中 Na⁺、K⁺ 浓度，发现，它们介导高亲和性 K⁺ 吸收和高（或低）亲和性 Na⁺ 吸收（Uozumi et al.，2000；Rus et al.，2001；Maser et al.，2002；Garciadeblas et al.，2003；Horie et al.，2007；Jabnoune et al.，2009；Yao et al.，2010）。从水稻耐盐品种中鉴定到的 OsHKT2；2/1 在高盐胁迫下表现出很强的 Na⁺、K⁺ 渗透性（Oomen et al.，2010）。将小麦 TaHKT2；1 超表达在爪蟾卵母细胞中，向介质中同时加入 Na⁺ 和 K⁺，观察离子电流后发现，TaHKT2；1 为 Na⁺－K⁺ 共转运体，其超表达可增加卵母细胞中 Na⁺ 和 K⁺ 的离子电流；此外，在爪蟾卵母细胞和酵母中均发现，在高 Na⁺ 浓度下，TaHKT2；1 也可作为 Na⁺ 的单向转运蛋白（Rubio et al.，1995）。综上可见，HKT 家族成员可能参与盐胁迫下植物根系对 Na⁺ 的吸收。

有研究指出，内整流 K⁺ 通道 AKT1 和高亲和性 K⁺ 转运蛋白 KT/HAK/KUP 是植物根系吸收 K⁺ 的两大主要途径，尽管如此，Wang 等（2007）和 Zhang 等（2012）采用离子通道和转运蛋白抑制剂对海滨碱蓬植株水平上的 Na⁺ 吸收途径进行研究，推测存在两条不同的低亲和性 Na⁺ 吸收途径，其中高浓度 NaCl（95～200 mmol/L）处理下的 Na⁺ 吸收对抑制剂 TEA⁺、Cs⁺ 和 Ba²⁺ 均很敏感，由此提出 AKT 类 K⁺ 通道或 KT/HAK/KUP 类高亲和性 K⁺ 转运蛋白参与盐胁迫下根系的低亲和性 Na⁺ 吸收。针对两个不同耐盐性水稻品种进行的比较发现，盐胁迫下，耐盐植株外皮层和内皮层 OsAKT1 的转录丰度消失，而盐敏感植株中 OsAKT1 的转录丰度没有变化，并且叶中积累了更多的 Na⁺（Golldack et al.，2003），而加入 K⁺ 通道抑制剂 TEA⁺ 和 Cs⁺ 后，水稻盐敏感植株原生质体中的 Na⁺ 浓度减少了约 50％（Kader and Lindberg，2005），表明 OsAKT1 可能参与盐敏感水稻根系对 Na⁺ 的吸收。与 AKT1 一样，KT/HAK/KUP 家族部分成员也能参与 Na⁺ 转运过程。例如，Takahashi 等（2007c）发现，在芦苇盐敏感品种中，PhaHAK5 的表达在盐胁迫下更为显著，在酵母中超表达 PhaHAK5 的结果表明 PhaHAK5 具有 Na⁺ 转运功能。大麦 HvHAK1 在酵母双突变体中表达时，可参与介导高亲和性和低亲和性 Na⁺ 吸收（Santa-Maria et al.，1997）。许多研究均表明，KT/HAK/KUP 家族成员参与的低亲和性 Na⁺ 吸收受 K⁺ 饥饿的强烈诱导（Britto and Kronzucker，2008；Szczerba et al.，2009）。

二、木质部的 Na⁺ 装载

为避免地上部过量积累 Na⁺，可通过维持木质部低浓度 Na⁺ 来实现。目前普遍认为植物通过以下两方面来完成这一过程：一是控制从根共质体进入木质部的 Na⁺ 浓度；二是在 Na⁺ 运输至地上部前，加强木质部中 Na⁺ 的回收（Mark and Romola，2003）。Rozema 等（1981）、Rana（1985）和 Sobrado（2004）通过损伤植物渗漏的木质部流测定实验和进行蒸腾作用的植物木质部流测定实验发现，在木质部流 Na$^+$ 浓度达到 1～10 mmol/L 时，根细胞的细胞质中 Na$^+$ 浓度在 1～30 mmol/L，根细胞的细胞质 Na$^+$ 浓度与木质部流 Na$^+$ 浓度相似，由此得出，Na$^+$ 向木质部的装载并非由蒸腾作用引起，而是由 H$^+$ 引起质膜内外产生不同的电势梯度来影响 Na$^+$ 的跨膜运动（Jeschke，1984；Cheng et al.，1988；Koyro and Stelzer，1988）。与木质部相比，薄膜细胞内的电势约为 -100 mV（Wegner et al.，2010）。拟南芥 sos1 突变体为响应盐胁迫，积累了更少的 Na$^+$：25 mmol/L NaCl 处理 2d，与野生型相比，拟南芥 sos1 突变体积累的 Na$^+$ 含量下降了43%（Zhu，1997）。研究证实，SOS1 调节质膜上的 Na$^+$-H$^+$ 交换，而 SOS2 和 SOS3 参与调节 SOS1 的活性（Sheng et al.，2002）。由于 SOS1 编码的 Na$^+$-H$^+$ 反向转运体优先在根的木质部周围表达，所以 SOS1 的功能被定义为参与 Na$^+$ 向木质部的装载（Shi et al.，2002）。中柱细胞质中的 Na$^+$ 浓度大约在 100 mmol/L，木质部中 Na$^+$ 较少，这时产生的能量差使得 Na$^+$ 通过被动运输进入木质部（Harvey，1985；Hajibagheri et al.，1987）。因此，Shi 等（2002）提出，Na$^+$ 向木质部的装载可能被低盐胁迫活化或在高盐条件下通过被动运输进行。尽管拟南芥 sos1 突变体地上部积累的 Na$^+$ 超过野生型地上部积累的 Na$^+$ 2～7 倍，但根系中 Na$^+$ 丝毫不受影响，其原因可能是控制 Na$^+$ 从土壤到木质部中柱的多向运输过程被削弱（Nublat et al.，2001），但是关于这一过程具体的分子机制尚不清楚。在大麦中，耐盐品种木质部中的 Na$^+$ 浓度和盐敏感品种的一样高，研究学者提出，限制 Na$^+$ 在木质部的装载并非大麦耐盐的主要机制，其真正的耐盐策略可能主要是通过更有效地装载 K$^+$ 进入木质部来维持更高的 K$^+$/Na$^+$ 比（Shabala et al.，2014）。

三、木质部的 Na$^+$ 回收

木质部的 Na$^+$ 回收可在成熟的根细胞中进行（Yeo and Flowers，1980），也可在叶肉细胞中进行（Drew and Luchli，1987）。Na$^+$ 在木质部的回收可能是通过具有 Na$^+$ 渗透功能的内整流通道来完成的，关于这点在大麦木质部薄壁细胞中已有报道（Cheeseman，1988）。越来越多的研究表明，HKT 类转运蛋白在木质部 Na$^+$ 回收过程中发挥着重要作用。硬质小麦（*Triticum turgidum* L. subsp. *durum* Desf.）149 品系中的 *Nax1* 和 *Nax2* 负责叶片中 Na$^+$ 的外排：*Nax1* 在 Na$^+$ 进入植物体地上部后，负责卸载木质部中的 Na$^+$ 到叶片中，然后将 Na$^+$ 储存在液泡中，进而导致 Na$^+$ 在叶鞘、叶片中的比率升高，在叶片中形成的 Na$^+$ 浓度梯度导致木质部中的 Na$^+$ 源源不断地往叶片卸载，并完成在液泡内的区域化；而 *Nax2* 正好相反，在根系中发挥作用。在硬质小麦中，*TmHKT7-A2* 的表达模式与 *Nax2* 的生理角色相似，因此推测 *TmHKT7-A2* 可能负责控制根和叶鞘中 Na$^+$ 的卸载（Lacan and Durand，1996；Köhler，2014）。在面包小麦中，*Kna1* 和 *HKT1；5* 与负责 Na$^+$ 外排的 *Nax2* 具有高度的同源性，因此推测它们可能同样负责木质部中 Na$^+$ 的卸载（Lindsay，2004）。Huang 等（2006）通过研究拟南芥发现，AtHKT1；1 选择性地将 Na$^+$ 直接从木质部中柱卸载到木质部薄壁细胞，进而降低木质部中柱和叶片中 Na$^+$ 的含量，因此 AtHKT1；1 在保护叶片免受盐分毒害方面扮演着重要的角色。抑

制 *AtHKT1*；*1* 在根中的表达将导致地上部 Na⁺ 浓度增加（Byrt et al.，2007），AtH-KT1；1 控制根中 Na⁺ 的积累和韧皮部中 Na⁺ 的再循环（Davenport et al.，2007）。从水稻中克隆得到的 *SKC1* 基因在木质部周围薄壁细胞的中柱组织中率先表达，在耐盐型品种中，木质部拥有更低的 Na⁺ 浓度，可见，SKC1 与 OsHKT1；5 一样，主要负责将 Na⁺ 从木质部中排到木质部薄壁细胞中，最终，再通过内皮层和表皮释放回土壤（Ren et al.，2010）。

四、韧皮部的 Na⁺ 再循环

当叶片中液泡对 Na⁺ 的区域化能力达到饱和时，为降低叶片中 Na⁺ 浓度，减少 Na⁺ 对植物的毒害，一些植物通过韧皮部使 Na⁺ 再循环到根中，以提高其耐盐性。在玉米、拟南芥、白羽扇豆（*Lupinus albus*）、大麦、三叶草（*Trifolium alexandrium*）、甜辣椒（Sweet pepper）和芦苇中均有过相关的研究报道（Winter，1982；Jeschke，1984；Rana and Munns，1988；Blom-Zandstra et al.，1998；Lohaus et al.，2000；Berthomieu et al.，2003；Takahashi et al.，2007a）。虽有报道指出 AtHKT1；1 主要控制木质部的 Na⁺ 回收（Davenport et al.，2007），但是 Berthomieu 等（2003）通过研究推测，AtH-KT1；1 亦可能介导 Na⁺ 在韧皮部的装载，从而完成 Na⁺ 从地上部到根系的再循环，这一过程可以有效地移除地上部中多余的 Na⁺，在植物耐盐性方面起至关重要的作用。耐盐型芦苇与盐敏感型芦苇相比，体内的 K⁺/Na⁺ 比更高（Takahashi et al.，2007b），在 Na⁺ 处理以及 K⁺ 饥饿条件下，*PhaHKT1* 在耐盐芦苇根中大量表达（Takahashi et al.，2007a），而且，研究者还发现，耐盐型芦苇地上部中积累的 Na⁺ 含量较少而根系中积累较多，反之，在盐敏感型芦苇中，地上部积累了较高的 Na⁺ 含量（Takahashi et al.，2007d）。以上结果表明，耐盐型芦苇中，PhaHKT1 在 Na⁺ 从地上部到根部的再循环中发挥重要作用（Takahashi et al.，2007a）。

五、根部的 Na⁺ 外排

根系进行的 Na⁺ 外排是无法持续进行的，至少在土壤中无法持续进行，因为土壤中含大量溶质，这导致土壤中溶质的流向是优先从土壤中进入根系（Takahashiet al.，2007d）。因此，根系中的 Na⁺ 外排是逆浓度梯度进行的，随着外排的进行，这一梯度不断增加，Na⁺ 外排变得越来越耗能，越来越艰难。有假设提出，质膜 Na⁺-H⁺ 反向转运体 SOS1 介导 Na⁺ 的外排（Yeo，1998），在介导的 Na⁺ 外排过程中，通常由 P 型 H⁺-ATP 酶提供驱动力，使细胞中拥有高的 K⁺/Na⁺ 比，该外排过程对根皮层细胞非常重要，同时对根皮层细胞周围其他细胞产生影响（Xiong and Zhu，2002）。Xiong 和 Zhu（2002）在大麦根的质膜中观测到，K⁺ 刺激下，可引发 SOS1 介导的 Na⁺ 外排。在小麦和大麦根的质膜上，SOS1 能够将 Na⁺ 转运至细胞质外（Ratner and Jacoby，1976）。同样，在番茄的悬浮细胞中，也检测到了 SOS1 的活性（Mennen et al.，1990）。除此之外，SOS1 的活性还在甜土植物小麦、棉花以及盐土植物滨藜的根质膜中检测到（Watad et al.，1986；

Allen，1995）。盐胁迫下，拟南芥 *AtSOS1* 表达水平上调，其编码蛋白 AtSOS1 介导细胞内 Na$^+$ 的外排，最终调节植物体内 Na$^+$、K$^+$ 平衡（Hassidim et al.，1990）。Martínez 等（2007）在水稻中分离得到 Na$^+$-H$^+$ 反向转运体 OsSOS1，根据生物化学和基因特性，发现该蛋白是 AtSOS1 的同源物，两者功能相似。SOS1 的活性受 SOS2 和 SOS3 调节；SOS3 是一个酰化钙结合蛋白，能够与 SOS2 相结合；SOS2 是一个丝氨酸-苏氨酸蛋白激酶，能够通过磷酸化作用激活 SOS1；在分离的质膜囊泡中，SOS1 通过显著增强 Na$^+$-H$^+$ 交换活性促进 Na$^+$ 外排（Qiu et al.，2003）。将 *SOS1* 在植物体内进行过表达，发现，植物地上部 Na$^+$ 积累量下降，同时，木质部中 Na$^+$ 浓度也下降（Shi et al.，2003）。与野生型相比，拟南芥 *sos1* 突变体的 Na$^+$ 内流未发生任何变化，但突变体根及地上部中 Na$^+$ 浓度却显著增加，究其根源是依赖 SOS1 进行的 Na$^+$ 外排过程受损（Essah et al.，2003）。在甜土植物拟南芥和盐生植物盐芥中，比较两种植物中 Na$^+$ 的内流和外排对地上部 Na$^+$ 积累的贡献，结果发现，两种植物中根系积累的净 Na$^+$ 无显著差异。在拟南芥中，Na$^+$ 的单向内流对地上部 Na$^+$ 的积累贡献率较低，而根中 Na$^+$ 的单向外排对两个物种地上部积累的贡献相似（Wang et al.，2006）。在盐芥中，根细胞膜具有较低的 Na$^+$ 电导率，这与质膜去极化现象一致（Volkov and Amtmann，2006）。还有研究发现，在耐盐植物小花茅碱（*Puccinellia tenuiflopa*）中，其根系的 ^{22}Na$^+$ 单向内流比小麦更低，净积累的 Na$^+$ 和单向 Na$^+$ 内流结果比较显示：两个物种都能有效外排，并且两者的 Na$^+$ 外排/Na$^+$ 单向内流比相似。因此，Wang 等（2009）得出以下结论：与 Na$^+$ 相比，小花茅碱对 K$^+$ 具有更强的选择性吸收和运输能力，以此控制植物组织中 Na$^+$ 的净积累量，增强植物的耐盐能力。尽管通过根系外排 Na$^+$ 来增强植物的耐盐性这一观点还存在很多质疑，但是关于这一观点发现的许多现象还是值得进一步探索（Mark and Romola，2003；Apse and Blumwald，2007；Kronzucker et al.，2010）。

六、细胞质内 Na$^+$ 向液泡中的区域化

将 Na$^+$ 区域化到液泡中是由液泡膜 Na$^+$-H$^+$ 反向转运体 NHX1 完成的，这是一种避免细胞质中 Na$^+$ 浓度过高的长效机制，此过程的驱动力主要由质子泵 H$^+$-ATPase 和 H$^+$-PPase 产生的电化学梯度提供（Apse and Blumwald，2007）。NHX1 最早在拟南芥中克隆鉴定获得（Blumwald and Poole，1985）。*AtNHX1* 是 NHX 家族中第一个克隆得到的植物液泡膜 Na$^+$-H$^+$ 反向转运体编码基因，它可在酵母细胞中异源表达，并且介导细胞的离子交换（Darley et al.，2000）。研究发现，AtNHX1 在植物液泡膜上既调节 Na$^+$-H$^+$ 交换也调节 K$^+$-H$^+$ 交换（Apse et al.，1999；Zhang and Blumwald，2001）。NHX 类蛋白基本存在于所有的植物中，研究发现，它对细胞质中 pH 的调节、细胞的 K$^+$ 平衡、细胞扩增、囊泡运输和蛋白质导向均具有重要作用（Bowers et al.，2001；Toshio et al.，2001；Apse et al.，2003）。

将从拟南芥中克隆分离得到的 *AtNHX1* 过表达在拟南芥（Apse et al.，1999）、芸苔（*Brassica*）（Zhang and Blumwald，2001）、玉米（Yin et al.，2004）、番茄（Zhang and Blumwald，2001）、小麦（Xue et al.，2004）、棉花（He et al.，2005）、高羊茅

（*Festuca arundinacea*）（Tian et al.，2006）和普通荞麦（*Fagopyrum esculentum*）（Chen et al.，2007）中，与野生型相比，这些过表达植株的耐盐性均有所提高。在其他植物中也克隆分离得到 *NHX* 基因，例如：滨黎 *AgNHX1*（Hamada et al.，2001；Ohta et al.，2002）、柑橘 *cNHX1*（Ron et al.，2002）、大麦 *HvNHX1*（Vasekina et al.，2005）、水稻 *OsNHX1*（Kinclová-Zimmermannová et al.，2004）、紫花苜蓿 *MsNHX1*（Yang et al.，2005）、黄豆 *GmNHX1*（Li et al.，2006）等。通过增强质子的利用率，能够增强液泡对离子的区域化能力，从理论上来说，无论是增加 H$^+$-ATP 酶的表达水平，还是增加 H$^+$焦磷酸酶的表达水平都可增强液泡对离子的区域化（Gaxiola et al.，2001）。由于植物液泡膜 H$^+$-ATP 酶是由众多亚基组成的，若要将其进行超表达，需将它的每一个亚基都进行超表达，才能使多亚基复合体在转基因植株中达到更高的活性。与液泡膜 H$^+$-ATP 酶不同，液泡膜 H$^+$焦磷酸酶是由单基因编码的蛋白（Sarafian et al.，1992），产生的跨膜质子梯度与多亚基编码的 H$^+$-ATP 酶产生的质子梯度相似（Gaxiola et al.，2001）。因此，通过控制液泡质子泵的表达水平来调节由 H$^+$梯度产生的离子跨膜运动变得简单可行。第一个 H$^+$焦磷酸酶基因 *AVP1* 也是从拟南芥中分离得到的（Sarafian et al.，1992）。随后，H$^+$焦磷酸酶基因逐渐从大麦（Tanaka et al.，1993）、水稻（Sakakibara et al.，1996）、烟草（Jens et al.，1995）、甜菜（Kim，1994）、绿豆（Nakanishi and Maeshima，1998）、南瓜（Maruyama et al.，1998）等植物中分离得到。通过转入 H$^+$焦磷酸酶（*VP*）基因，植物具有了更强的耐盐抗旱性。将 *AVP1* 基因在拟南芥中进行超表达，与野生型拟南芥相比，转基因拟南芥拥有更强的耐盐性，同时，拟南芥的叶片中积累了更多的 Na$^+$和 K$^+$。除此之外，*AVP1* 基因的超表达还能够参与维持液泡中的 pH 稳定以及调控植物激素的运输，因此，在拟南芥体内，与激素分泌相关的过程增强，比如细胞增殖、分化等活动（Li，2005）。将 *TsVP* 和 *AVP1* 分别转入酵母突变体和番茄中，发现转入 *TsVP* 的酵母或转基因番茄均具有耐盐性（Gao et al.，2006）。过表达 *AVP1* 基因的番茄中，更多的离子被焦磷酸盐驱动到根系液泡中，增加了根的生物量，提高了番茄在干旱胁迫后的恢复能力（Park et al.，2005）。与野生型番茄相比，超量表达 *TsVP* 的转基因番茄在 300 mmol/L NaCl 处理下根干重增加了 60%，叶肉原生质体在盐胁迫下表现出了更强的生长能力（Gao et al.，2006）。有研究发现，超量表达 *AVP1* 基因除了能够增强植物的耐盐抗旱性外，还能够增强植物的磷元素营养（Yang et al.，2007）。Bao 等（2008）在研究中发现，在紫花苜蓿中超量表达 *AVP1* 基因，与野生型植株相比，转基因植株的耐盐性增强。

七、Na$^+$分泌

盐生植物在长期的适应过程中，进化出独特的泌盐结构——盐腺或盐囊泡。其独特的耐盐性主要依靠盐腺或盐囊泡将盐分排出。因此，向外泌盐是增强耐盐性的一种方式。向外泌盐盐生植物主要通过盐腺直接将盐分排出。盐腺又分为双细胞盐腺和多细胞盐腺（袁芳等，2015）。双细胞盐腺是最早在盐生植物中发现的盐腺类型（Skelding and Winterbotham，1939），主要存在于禾本科的獐毛属（*Aeluropus*）、鼠尾粟属（*Sporobolus*）、大米草属（*Spartina*）、结缕草属（*Zoysia*）等 9 个属（周三等，2001）。多细胞盐腺主要存在于双子叶泌盐盐生植物中，如海榄雌属（*Avicennia*）、柽柳属（*Tamarix*）、红砂属（*Reaumuria*）、补血草属（*Limonium*）等（周三等，2001）。向内泌盐植物的泌盐方式是先将盐分储存于盐囊泡，待盐囊泡成熟破裂后再将盐分排出（Shabala et al.，2014），主要包括藜科的滨藜属（*Atriplex*）、藜属（*Chenopodium*）、猪毛菜属（*Salsola*）等植物（周三等，2001）。与盐腺泌盐过程相比，盐囊泡分泌盐分时损伤的水分更少（Mark and Romola，2003）。

对于拥有盐腺或盐囊泡的盐生植物来说，尽管 Na$^+$ 的外排在增强植物耐盐性上发挥了重要作用，但是关于这一过程的具体机理还处在探索阶段。盐腺在单子叶和双子叶植物中结构不一，不同植物中的盐囊泡结构特征同样各异。因此，要将这一耐盐机制用于培育高抗盐性作物上还非常困难。

参考文献

袁芳，冷冰莹，王宝山，2015. 植物盐腺泌盐研究进展 ［J］. 植物生理学报，51（10）：1531 - 1537.

周三，韩军丽，赵可夫，2001. 泌盐盐生植物研究进展 ［J］. 应用与环境生物学报，2001（5）：496 - 501.

ALLEN R D, 1995. Dissection of oxidative stress tolerance using transgenic plants ［J］. Plant Physiology，107（4）：1049 - 1054.

AMTMANN A, FISCHER M, MARSH E L, et al.，2001. The wheat cDNA *LCT1* generates hypersensitivity to sodium in a salt - sensitive yeast strain ［J］. Plant Physiology，126（3）：1061 - 1071.

AMTMANN A, SANDERS D, 1998. Mechanisms of Na$^+$ uptake by plant cells ［J］. Advances in Botanical Research，29（8）：75 - 112.

ANTOSIEWICZ D M, HENNIG J, 2004. Overexpression of *LCT1* in tobacco enhances the protective action of calcium against cadmium toxicity ［J］. Environmental Pollution，129（2）：237 - 245.

APSE M P, AHARON G S, SNEDDEN W A, et al.，1999. Salt tolerance conferred by overexpression of a vacuolar Na$^+$/H$^+$ antiport in *Arabidopsis* ［J］. Science，285（5431）：1256 - 1258.

APSE M P, BLUMWALD E, 2007. Na$^+$ transport in plants ［J］. FEBS Letters，581（12）：2247 - 2254.

APSE M P, SOTTOSANTO J B, BLUMWALD E, 2003. Vacuolar cation/H$^+$ exchange, ion homeostasis, and leaf development are altered in a T - DNA insertional mutant of *AtNHX1*, the *Arabidopsis* vacuolar Na$^+$/H$^+$ antiporter ［J］. The Plant Journal，36（2）：229 - 239.

BAO A, WANG S, WU G, et al.，2009. Overexpression of the *Arabidopsis* H$^+$- PPase enhanced resistance to salt and drought stress in transgenic alfalfa（*Medicago sativa* L.）［J］. Plant Science，176（2）：232 - 240.

BARRAGÁN V, LEIDI E O, ANDRÉS Z, et al.，2012. Ion exchangers NHX1 and NHX2 mediate active potassium uptake into vacuoles to regulate cell turgor and stomatal function in *Arabidopsis* ［J］. The Plant Cell，24（3）：1127 - 1142.

BASSIL E, COKU A, BLUMWALD E, 2012. Cellular ion homeostasis: emerging roles of intracellular NHX Na$^+$/H$^+$ antiporters in plant growth and development ［J］. Journal of Experimental Botany，63（16）：5727 - 5740.

BENITO B A, GARCIADEBLAS B, RODRIGUEZ - NAVARRO A, 2012. HAK transporters from *Phy-*

scomitrella patens and *Yarrowia lipolytica* mediate sodium uptake [J]. Plant and Cell Physiology, 53 (6): 1117－1123.

BENITO B A, HARO R, AMTMANN A, et al., 2014. The twins K$^+$ and Na$^+$ in plants [J]. Journal of Plant Physiology, 171 (9): 723－731.

BERTHOMIEU P, CONÉJÉRO G, NUBLAT A., et al., 2003. Functional analysis of *AtHKT1* in *Arabidopsis* shows that Na$^+$ recirculation by the phloem is crucial for salt tolerance [J]. The EMBO Journal, 22 (9): 2004－2014.

BLOM－ZANDSTRA M, VOGELZANG S A, VEEN B W, et al., 1998. Sodium fluxes in sweet pepper exposed to varying sodium concentrations [J]. Journal of Experimental Botany, 49 (328): 1863.

BLUMWALD E, 2000. Sodium transport and salt tolerance in plants [J]. Current Opinion in Cell Biology, 12 (4): 431－434.

BLUMWALD E, POOLE R J, 1985. Na$^+$/H$^+$ antiport in isolated tonoplast vesicles from storage tissue of *Beta vulgaris* [J]. Plant Physiology, 78 (1): 163－167.

BOWERS K, LEVI B P, PATEL F I et al., 2001. The sodium/proton exchanger Nhx1p is required for endosomal protein trafficking in the yeast *Saccharomyces cerevisiae* [J]. Molecular Biology of the Cell, 11 (12): 4277－4294.

BUSCHMANN P H, VAIDYANATHAN R, GASSMANN W, et al., 2000. Enhancement of Na$^+$ uptake currents, time－dependent inward－rectifying K$^+$ channel currents, and K$^+$ channel transcripts by K$^+$ starvation in wheat root cells1 [J]. Plant Physiology, 122 (4): 1387－1398.

BYRT C S, PLATTEN J D, SPIELMEYER W, et al., 2007. HKT1; 5－like cation transporters linked to Na$^+$ exclusion loci in wheat, *Nax2* and *Kna1* [J]. Plant Physiology, 143 (4): 1918－1928.

CARDEN D E, WALKER D J, FLOWERS T J, et al., 2003. Single－cell measurements of the contributions of cytosolic Na$^+$ and K$^+$ to salt tolerance [J]. Plant Physiology, 131 (2): 676－683.

CHAN C W M, SCHORRAK L M, SMITHJR R K, et al., 2003. A cyclic nucleotide－gated ion channel, *CNGC2*, is crucial for plant development and adaptation to calcium stress [J]. Plant Physiology, 132 (2): 728－731.

CHANROJ S, WANG G, VENEMA K, et al., 2012. Conserved and diversified gene families of monovalent cation/H$^+$ antiporters from algae to flowering plants [J]. Frontiers in Plant Science, 3: 25.

CHEESEMAN J M, 1988. Mechanisms of salinity tolerance in plants [J]. Plant Physiology, 87 (3): 547－550.

CHEN L, BO Z, and XU Z, 2007. Salt tolerance conferred by overexpression of *Arabidopsis* vacuolar Na$^+$/H$^+$ antiporter gene *AtNHX1* in common buckwheat (*Fagopyrum esculentum*) [J]. Transgenic Research, 17 (1): 121－132.

CLOUGH S J, FENGLER K A, YU I C, et al., 2000. The *Arabidopsis dnd1* "defense, no death" gene encodes a mutated cyclic nucleotide－gated ion channel [J]. Proceedings of the National Academy of Sciences, 97 (16): 9323－9328.

DARLEY C P, VAN WUYTSWINKEL O C, VAN DER WOUDE K, et al., 2000. *Arabidopsis thaliana* and *Saccharomyces cerevisiae NHX1* genes encode amiloride sensitive electroneutral Na$^+$/H$^+$ exchangers [J]. The Biochemical Journal, 351 (1): 241－249.

DAVENPORT R J, MUÑOZ－MAYOR A, JHA D, et al., 2007. The Na$^+$ transporter AtHKT1; 1 controls retrieval of Na$^+$ from the xylem in *Arabidopsis* [J]. Plant, Cell & Environment, 30 (4): 497－507.

DEMIDCHIK V, TESTER M, 2002. Sodium fluxes through nonselective cation channels in the plasma membrane of protoplasts from Arabidopsis roots [J]. Plant Physiology, 128 (2): 379 - 387.

DEMIDCHIK V, MAATHUIS F J M, 2010. Physiological roles of nonselective cation channels in plants: from salt stress to signalling and development [J]. The New Phytologist, 175 (3): 387 - 404.

DING L, ZHU J, 1997. Reduced Na$^+$ uptake in the NaCl - hypersensitive *sos1* mutant of *Arabidopsis thaliana* [J]. Plant Physiology, 113 (3): 795 - 799.

DREW M C, LUCHLI A, 1987. The role of the mesocotyl in sodium exclusion from the shoot of *Zea mays* L. (cv. Pioneer 3906) [J]. Journal of Experimental Botany, 38 (3): 409 - 418.

ESSAH P A, DAVENPORT R, TESTER M, 2003. Sodium influx and accumulation in Arabidopsis [J]. Plant Physiology, 133 (1): 307 - 318.

FUCHS I, STÖLZLE S, IVASHIKINA N, et al., 2005. Rice K$^+$ uptake channel OsAKT1 is sensitive to salt stress [J]. Planta, 221 (2): 212 - 221.

GALAMBA N, 2012. Mapping structural perturbations of water in ionic solutions [J]. The Journal of Physical Chemistry B, 116 (17): 5242 - 5250.

GAO F, GAO Q, DUAN X, et al., 2006. Cloning of an H$^+$ - PPase gene from *Thellungiella halophila* and its heterologous expression to improve tobacco salt tolerance [J]. Journal of Experimental Botany, 57 (12): 3259 - 3270.

GASSMANN W, RUBIO F, SCHROEDER J I, 1996. Alkali cation selectivity of the wheat root high - affinity potassium transporter HKT1 [J]. The Plant Journal, 10 (5): 869 - 882.

GAXIOLA R A, LI J, UNDURRAGA S, et al., 2001. Drought - and salt - tolerant plants result from overexpression of the AVP1 H$^+$ - pump [J]. Proceedings of the National Academy of Sciences of the United States of America, 98 (20): 11444 - 11449.

GAXIOLA R A, RAO R, SHERMAN A, et al., 1999. The *Arabidopsis thaliana* proton transporters, AtNhx1 and Avp1, can function in cation detoxification in yeast [J]. Proceedings of the National Academy of Sciences of the United States of America, 96 (4): 1480 - 1485.

GOBERT A, PARK G, AMTMANN A, et al., 2006. *Arabidopsis thaliana* cyclic nucleotide gated channel 3 forms a non - selective ion transporter involved in germination and cation transport [J]. Journal of Experimental Botany, 57 (4): 791 - 800.

GOLLDACK D, QUIGLEY F, MICHALOWSKI C B, et al., 2003. Salinity stress - tolerant and - sensitive rice (*Oryza sativa* L.) regulate AKT1 - type potassium channel transcripts differently [J]. Plant Molecular Biology, 51 (1): 71 - 81.

GOLLDACK D, SU H, QUIGLEY F, et al., 2002. Characterization of a HKT - type transporter in rice as a general alkali cation transporter [J]. The Plant Journal, 31 (4): 529 - 542.

HAJIBAGHERI M A, HARVEY D M R, FLOWERS T J, 1987. Quntitative ion distribution within root cells of salt - sensitive and salt - tolerant maize varieties [J]. The New Phytologist, 105 (3): 367 - 379.

HAMADA A, SHONO M, XIA T, et al., 2001. Isolation and characterization of a Na$^+$/H$^+$ antiporter gene from the halophyte *Atriplex gmelini* [J], Plant molecular biology, 46 (1): 35 - 42.

HARVEY D M, 1985. The effects of salinity on ion concentrations within the root cells of *Zea mays* L [J]. Planta, 165 (2): 242 - 248.

HASSIDIM M, BRAUN Y, LERNER H R, et al., 1990. Na$^+$/H$^+$ and K$^+$/H$^+$ antiport in root membrane vesicles isolated from the halophyte *Atriplex* and the glycophyte cotton [J]. Plant Physiology, 94 (4): 1795 - 1801.

HE C，YAN J，SHEN G，et al.，2005. Expression of an Arabidopsis vacuolar sodium/proton antiporter gene in cotton improves photosynthetic performance under salt conditions and increases fiber yield in the field ［J］. Plant and Cell Physiology，46 (11)：1848 - 1854.

HORIE T，BRODSKY D E，COSTA A，et al.，2011. K^+ transport by the OsHKT2；4 transporter from rice with atypical Na^+ transport properties and competition in permeation of K^+ over Mg^{2+} and Ca^{2+} ions ［J］. Plant physiology，156 (3)：1493 - 1507.

HORIE T，COSTA A，KIM T H，et al.，2007. Rice OsHKT2；1 transporter mediates large Na^+ influx component into K^+ - starved roots for growth ［J］. The EMBO Journal，26 (12)：3003 - 3014.

HORIE T，YOSHIDA K，NAKAYAMA H，et al.，2001. Two types of HKT transporters with different properties of Na^+ and K^+ transport in *Oryza sativa* ［J］. The Plant Journal，27 (2)：129 - 138.

HUA B，MERCIER R W，LENG Q，et al.，2003. Plants do it differently. A new basis for potassium/sodium selectivity in the pore of an ion channel ［J］. Plant Physiology，132 (3)：1353 - 1361.

HUANG C X，STEVENINCK R F M，1988. Effect of moderate salinity on patterns of potassium，sodium and chloride accumulation in cells near the root tip of barley：Role of differentiating metaxylem vessels ［J］. Physiologia Plantarum，73 (4)：525 - 533.

HUANG S，SPIELMEYER W，LAGUDAH E S，et al.，2006. A sodium transporter (HKT7) is a candidate for *Nax1*，a gene for salt tolerance in durum wheat ［J］. Plant Physiology，142 (4)：1718 - 1727.

JESCHKE W D，1984. K^+ - Na^+ exchange at cellular membranes，intracellular compartmentation of cations，and salt tolerance ［J］. Salinity Tolerance in Plants Strategies for Crop Improvement：37 - 66.

KANT S，KANT P，RAVEH E，et al.，2006. Evidence that differential gene expression between the halophyte，*Thellungiella halophila*，and *Arabidopsis thaliana* is responsible for higher levels of the compatible osmolyte proline and tight control of Na^+ uptake in *T. halophila* ［J］. Plant，Cell & Environment，29 (7)：1220 - 1234.

KIM Y，KIM E J，REA P，1994. Isolation and characterization of cDNAs encoding the vacuolar H^+ - pyrophosphatase of *Beta vulgaris* ［J］. Plant Physiology，106 (1)：375 - 382.

KINCLOVÁ - ZIMMERMANNOVÁ O，FLEGELOVÁ H，SYCHROVÁ H，2004. Rice Na^+/H^+ - antiporter Nhx1 partially complements the alkali - metal - cation sensitivity of yeast strains lacking three sodium transporters ［J］. Folia Microbiologica，49 (5)：519 - 525.

KOYRO H W，STELZER R，1988. Ion concentrations in the cytoplasm and vacuoles of rhizodermis cells from NaCl treated *Sorghum*，*Spartina* and *Puccinellia* plants ［J］. Journal of Plant Physiology，133 (4)：441 - 446.

KRONZUCKER H J，BRITTO D T，2011. Sodium transport in plants：a critical review ［J］. The New Phytologist，189 (1)：54 - 81.

KRONZUCKER H J，SZCZERBA M W，MOAZAMI - GOUDARZI M，et al.，2010. The cytosolic Na^+：K^+ ratio does not explain salinity - induced growth impairment in barley：a dual - tracer study using $^{42}K^+$ and $^{24}Na^+$ ［J］. Plant Cell & Environment，29 (12)：2228 - 2237.

KUSHWAHA H R，KUMAR G，VERMA P K，et al.，2011. Analysis of a salinity induced BjSOS3 protein from *Brassica* indicate it to be structurally and functionally related to its ortholog from *Arabidopsis* ［J］. Plant Physiology and Biochemistry，49 (9)：996 - 1004.

KÖHLER B，2007. Step by Step ［J］. Plant Signaling & Behavior，2 (4)：303 - 305.

KÖHLER C，MERKLE T，ROBY D，et al.，2001. Developmentally regulated expression of a cyclic nucleotide - gated ion channel from *Arabidopsis* indicates its involvement in programmed cell death ［J］.

Planta，213（3）：327 - 332.

LACAN D，DURAND M，1996. Na$^+$- K$^+$ exchange at the xylem/symplast boundary (its significance in the salt sensitivity of soybean) [J]. Plant Physiology，110 (2)：705 - 711.

LENG Q，MERCIER R W，HUA B，et al.，2002. Electrophysiological analysis of cloned cyclic nucleotide - gated ion channels [J]. Plant Physiology，128 (2)：400 - 410.

LERCHL J，KÖNIG S，ZRENNERUWE R，et al.，1995. Molecular cloning, characterization and expression analysis of isoforms encoding tonoplast - bound proton - translocating inorganic pyrophosphatase in tobacco [J]. Plant Molecular Biology，29 (4)，833 - 840.

LI J，YANG H，PEER W A，et al.，2005. *Arabidopsis* H$^+$- PPase AVP1 regulates auxin - mediated organ development [J]. Science，310 (5745)：121 - 125.

LI W Y F，WONG F L，TSAI S N，et al.，2006. Tonoplast - located *GmCLC1* and *GmNHX1* from soybean enhance NaCl tolerance in transgenic bright yellow (BY) - 2 cells [J]. Plant, Cell & Environment，29 (6)：1122 - 1137.

LI Y，PENG Y，XIE C，et al.，2018. Genome - wide identification, characterization, and expression analyses of the *HAK/KUP/KT* potassium transporter gene family reveals their involvement in K$^+$ deficient and abiotic stress responses in pear rootstock seedlings [J]. Plant Growth Regulation，85：187 - 198.

LINDSAY M P，LAGUDAH E S，HARE R A，et al.，2004. A locus for sodium exclusion (*Nax1*), a trait for salt tolerance, mapped in durum wheat [J]. Functional Plant Biology，31 (11)：1105 - 1114.

LIU W，FAIRBAIRN D J，REID R J，et al.，2001. Characterization of two HKT1 homologues from *Eucalyptus camaldulensis* that display intrinsic osmosensing capability [J]. Plant Physiology，127 (1)：283 - 294.

LIU W，SCHACHTMAN D P，ZHANG W，2000. Partial deletion of a loop region in the high affinity K$^+$ transporter HKT1 changes ionic permeability leading to increased salt tolerance [J]. The Journal of Biological Chemistry，275 (36)：27924 - 27932.

LOHAUS G，HUSSMANN M，PENNEWISS K，et al.，2000. Solute balance of a maize (*Zea mays* L.) source leaf as affected by salt treatment with special emphasis on phloem retranslocation and ion leaching [J]. Journal of Experimental Botany，51 (351)：1721 - 1732.

MA Y，WANG J，ZHONG Y，et al.，2015. Genome - wide analysis of the cation/proton antiporter (*CPA*) super family genes in grapevine (*Vitis vinifera* L.) [J]. Plant Omics，8 (4)：300 - 311.

MAATHUIS F J M，AMTMANN A，1999. K$^+$ nutrition and Na$^+$ toxicity：the basis of cellular K$^+$/Na$^+$ ratios [J]. Annals of Botany，84 (2)：123 - 133.

MADHU，KAUR A，TYAGI S，et al.，2022. Exploration of glutathione reductase for abiotic stress response in bread wheat (*Triticum aestivum* L.) [J]. Plant Cell Reports，41 (3)：639 - 654.

MARTÍNEZ - ATIENZA J，JIANG X，GARCIADEBLAS B，et al.，2007. Conservation of the salt overly sensitive pathway in rice [J]. Plant physiology，143 (2)：1001 - 1012.

MARTÍNEZ - CORDERO M A，MARTÍNEZ V，RUBIO F，2004. Cloning and functional characterization of the high - affinity K$^+$ transporter HAK$_1$ of pepper [J]. Plant Molecular Biology，56 (3)：413 - 421.

MARUYAMA C，TANAKA Y，TAKEYASU K，et al.，1998. Structural studies of the vacuolar H$^+$- Pyrophosphatase：Sequence analysis and identification of the residues modified by fluorescent cyclohexylcarbodiimide and maleimide [J]. Plant and Cell Physiology，39 (10)：1045 - 1053.

MATSUSHITA N，MATOH T，1992. Function of the shoot base of salt - tolerant reed (*Phragmites communis* Trinius) plants for Na$^+$ exclusion from the shoots [J]. Soil Science & Plant Nutrition，38 (3)：

565 - 571.

MENNEN H, JACOBY B, MARSCHNER H, 1990. Is sodium proton antiport ubiquitous in plant cells [J] . Journal of Plant Physiology, 137 (2): 180 - 183.

MIAN A, OOMEN R J, ISAYENKOV S, et al. , 2011. Over - expression of an Na$^+$ - and K$^+$ - permeable HKT transporter in barley improves salt tolerance [J] . The Plant Journal, 68 (3): 468 - 479.

MISHRA P, SHARMA P, 2019. Superoxide dismutases (SODs) and their role in regulating abiotic stress induced oxidative stress in plants, reactive oxygen, nitrogen and sulfur species in plants [M] // HASANUZZAMAN M, FOTOPOULOS V, NAHAR K, et al. , Reactive oxygen, nitrogen and sulfur species in plants: production, metabolism, signaling and defense mechanisms. John Wiley & Sons, Ltd.

MUNNS R, 1985. Na$^+$, K$^+$ and Cl$^-$ in xylem sap flowing to shoots of NaCl - treated barley [J] . Journal of Experimental Botany, 36 (7): 1032 - 1042.

MUNNS R, 1988. Effect of high external NaCl concentrations on ion transport within the shoot of *Lupinus albus*. I. ions in xylem sap [J] . Plant, Cell & Environment, 11 (4): 283 - 289.

MUNNS R, 2002. Comparative physiology of salt and water stress [J] . Plant Cell & Environment, 25 (2): 239 - 250.

MUNNS R, JAMES R A, LÄUCHLI A , 2006. Approaches to increasing the salt tolerance of wheat and other cereals [J] . Journal of Experimental Botany, 57 (5): 1025 - 1043.

NAKANISHI Y, MAESHIMA M, 1998. Molecular cloning of vacuolar H$^+$ - pyrophosphatase and its developmental expression in growing hypocotyl of mung bean [J] . Plant Physiology, 116 (2): 589 - 597.

NIEVES - CORDONES M, ALEMÁN F, MARTÍNEZ V, et al. , 2010. The *Arabidopsis thaliana* HAK5 K$^+$ transporter is required for plant growth and K$^+$ acquisition from low K$^+$ solutions under saline conditions [J] . Molecular Plant, 3 (2): 326 - 333.

NUBLAT A, DESPLANS J, CASSE F, et al. , 2001. *sas1*, an Arabidopsis mutant overaccumulating sodium in the shoot, shows deficiency in the control of the root radial transport of sodium [J] . The Plant Cell, 13 (1): 125 - 137.

OH D, Leidi E, Zhang Q, et al. , 2009b. Loss of halophytism by interference with SOS1 expression [J]. Plant Physiology, 151 (1): 210 - 222.

OH D, ZAHIR A, YUN D, et al. , 2009a. SOS1 and halophytism [J] . Plant Signaling & Behavior, 4 (11): 1081 - 1083.

OHTA M, HAYASHI Y, NAKASHIMA A, et al. , 2002. Introduction of a Na$^+$/H$^+$ antiporter gene from *Atriplex gmelini* confers salt tolerance to rice [J] . FEBS Letters, 532 (3): 279 - 282.

PARDO J M, QUINTERO F J, 2002. Plants and sodium ions: keeping company with the enemy [J]. Genome Biology, 3 (6): reviews1017.

PARK S, LI J, PITTMAN J K, et al. , 2005. Up - regulation of a H$^+$ - pyrophosphatase (H$^+$ - PPase) as a strategy to engineer drought - resistant crop plants [J] . Proceedings of the National Academy of Sciences of the United States of America, 102 (52): 18830 - 18835.

PLETT D C, MØLLER I S, 2010. Na$^+$ transport in glycophytic plants: what we know and would like to know [J] . Plant, Cell and Environment, 33 (4): 612 - 626.

PORAT R, PAVONCELLO D, BEN - HAYYIMG, et al. , 2002. A heat treatment induced the expression of a Na$^+$/H$^+$ antiport gene (*cNHX1*) in citrus fruit [J] . Plant Science, 162 (6): 957 - 963.

QIU Q, BARKLA B J, VERA - ESTRELLA R, et al. , 2003. Na$^+$/H$^+$ exchange activity in the plasma membrane of *Arabidopsis* [J] . Plant Physiology, 132 (2): 1041 – 1052.

QIU Q, GUO Y, DIETRICH M A, et al., 2002. Regulation of SOS1 as plasma membrane Na$^+$/H$^+$ exchanger in *Arabidopsis thaliana*, by SOS2 and SOS3 [J] . Proceedings of the National Academy of Sciences of the United States of America, 99 (12): 8436 – 8436.

RATNER A, JACOBY B, 1976. Effect of K$^+$, its counter anion, and pH on sodium efflux from barley root tips [J] . Journal of Experimental Botany, 27 (5): 843 – 852.

REN Z, GAO J, LI L, et al., 2005. A rice quantitative trait locus for salt tolerance encodes a sodium transporter [J] . Nature Genetics, 37 (10): 1141 – 1146.

RODRÍGUEZ – NAVARRO A, 2000. Potassium transport in fungi and plants [J] . Biochimica et Biophysica Acta (BBA) – Reviews on Biomembranes, 1469 (1): 1 – 30.

RODRÍGUEZ – NAVARRO A, RUBIO F, 2006. High – affinity potassium and sodium transport systems in plants [J] . Journal of Experimental Botany, 57 (5): 1149 – 1160.

ROZEMA J, GUDE H, BIJL F, et al., 1981. Sodium concentration in xylem sap in relation to ion exclusion, accumulation and secretion in halophytes [J] . Acta Botanica Neerlandica, 30 (4): 309 – 311.

RUBIO F, GASSMANN W, SCHROEDER J I, 1995. Sodium – driven potassium uptake by the plant potassium transporter HKT1 and mutations conferring salt tolerance [J] . Science, 270 (5242): 1660 – 1663.

RUS A, LEE B H, MUÑOZ – MAYOR A, et al., 2004. AtHKT1 facilitates Na$^+$ homeostasis and K$^+$ nutrition in planta [J] . Plant Physiology, 136 (1): 2500 – 2511.

RUS A, YOKOI S, SHARKHUU A, et al., 2001. AtHKT1 is a salt tolerance determinant that controls Na$^+$ entry into plant roots [J] . Proceedings of the National Academy of Sciences of the United States of America, 98 (24): 14150 – 14155.

SAKAKIBARA Y, KOBAYASHI H, KASAMO K, 1996. Isolation and characterization of cDNAs encoding vacuolar H$^+$– pyrophosphatase isoforms from rice (*Oryza sativa* L.) [J] . Plant Molecular Biology, 31 (5): 1029 – 1038.

SARAFIAN V, KIM Y, POOLE R J, et al., 1992. Molecular cloning and sequence of cDNA encoding the pyrophosphate – energized vacuolar membrane proton pump of *Arabidopsis thaliana* [J] . Proceedings of the National Academy of Sciences, 89 (5): 1775 – 1779.

SCHACHTMAN D P, KUMAR R, SCHROEDER J I, et al., 1997. Molecular and functional characterization of a novel low – affinity cation transporter (LCT1) in higherplants [J] . Proceedings of the National Academy of Sciences of the United States of America, 94 (20): 11079 – 11084.

SCHACHTMAN D P, MUNNS R, 1992. Sodium accumulation in leaves of *Triticum* species that differ in salt tolerance [J] . Australian Journal of Plant Physiology, 19: 331 – 340.

SCHACHTMAN D P, SCHROEDER J I, 1994. Structure and transport mechanism of a high – affinity potassium uptake transporter from higher plants [J] . Nature, 370 (6491): 655 – 658.

SHABALA S, BOSE J, HEDRICH R, 2014. Salt bladders: do they matter? [J] . Trends in Plant Science, 19 (11): 687 – 691.

SHABALA S, DEMIDCHIK V, SHABALA L, et al., 2006. Extracellular Ca^{2+} ameliorates NaCl – induced K$^+$ loss from Arabidopsis root and leaf cells by controlling plasma membrane K$^+$– permeable channels [J] . Plant Physiology, 141 (4): 1653 – 1665.

SHARMA H, TANEJA M, UPADHYAY S K, 2020. Identification, characterization and expression profiling of *cation – proton antiporter* superfamily in *Triticum aestivum* L. and functional analysis of *TaNHX4 – B* [J] . Genomics, 112 (1): 356 – 370.

SHI H, ISHITANI M, KIMC, et al. , 2000. The *Arabidopsis thaliana* salt tolerance gene *SOS1* encodes a putative Na$^+$/H$^+$ antiporter [J]. Proceedings of the National Academy of Sciences, 97 (12): 6896 – 6901.

SHI H, LEE B, WU S, et al. , 2003. Overexpression of a plasma membrane Na$^+$/H$^+$ antiporter gene improves salt tolerance in *Arabidopsis thaliana* [J]. Nature Biotechnology, 21 (1): 81 – 85.

SHI H, QUINTERO F J, PARDO J M, et al. , 2002. The putative plasma membrane Na$^+$/H$^+$ antiporter SOS1 controls long – distance Na$^+$ transport in plants [J]. The Plant Cell, 14 (2): 465 – 477.

SKELDING A D, WINTERBOTHAM J, 1939. The structure and development of the hydathodes of *Spartina townsendii* groves [J]. The New Phytologist, 38: 69 – 79.

SOBRADO M A, 2004. Influence of external salinity on the osmolality of xylem sap, leaf tissue and leaf gland secretion of the mangrove *Laguncularia racemosa* (L.) Gaertn [J]. Trees, 18 (4): 422 – 427.

Starkus J G, Heinemann S H, Rayner M D, 2000. Voltage dependence of slow inactivation in Shaker potassium channels results from changes in relative K$^+$ and Na$^+$ permeabilities [J]. The Journal of general physiology, 115 (2): 107 – 122.

SU H, BALDERAS E, VERA – ESTRELLA R, et al. , 2003. Expression of the cation transporter McHKT1 in a halophyte [J]. Plant Molecular Biology, 52 (5): 967 – 980.

SU H, GOLLDACK D, ZHAO C, et al. , 2002. The expression of HAK – type K$^+$ transporters is regulated in response to salinity stress in common ice plant [J]. Plant Physiology, 129 (4): 1482 – 1493.

SU Y, LUO W, LINW, et al. , 2015. Model of cation transportation mediated by high – affinity potassium transporters (HKTs) in higher plants [J]. Biological Procedures Online, 17 (1): 1.

SUBBARAO G V, ITO O, BERRY WL, et al. , 2003. Sodium – A functional plant nutrient [J]. Critical Reviews in Plant Sciences, 22: 391 – 416.

TADA Y, ENDO C, KATSUHARA M, et al. , 2018. High – affinity K$^+$ transporters from a halophyte, *Sporobolus virginicus*, mediate both K$^+$ and Na$^+$ transport in transgenic Arabidopsis, *X. laevis* oocytes and yeast [J]. Plant and Cell Physiology, 60 (1): 176 – 187.

TAKAHASHI R, LIU S, TAKANO T, 2009. Isolation and characterization of plasma membrane Na$^+$/H$^+$ antiporter genes from salt – sensitive and salt – tolerant reed plants [J]. Journal of Plant Physiology, 166 (3): 301 – 309.

TAKAHASHI R, LIU S, TAKANO T, 2007a. Cloning and functional comparison of a high – affinity K$^+$ transporter gene *PhaHKT1* of salt – tolerant and salt – sensitive reed plants [J]. Journal of Experimental Botany, 58 (15 – 16): 4387 – 4395.

TAKAHASHI R, NISHIO T, ICHIZEN N, et al. , 2007b. Cloning and functional analysis of the K$^+$ transporter, PhaHAK2, from salt – sensitive and salt – tolerant reed plants [J]. Biotechnology Letters, 29 (3): 501 – 506.

TAKAHASHI R, NISHIO T, ICHIZENN, et al. , 2007c. High – affinity K$^+$ transporter *PhaHAK5* is expressed only in salt – sensitive reed plants and shows Na$^+$ permeability under NaCl stress [J]. Plant Cell Reports, 26 (9): 1673 – 1679.

TAKAHASHI R, NISHIO T, ICHIZEN N, et al. , 2007d. Salt – tolerant reed plants contain lower Na$^+$ and higher K$^+$ than salt – sensitive reed plants [J]. Acta Physiologiae Plantarum, 29 (5): 431 – 438.

TANAKA Y, CHIBA K, MAEDA M, et al. , 1993. Molecular cloning of cDNA for vacuolar membrane proton – translocating inorganic pyrophosphatase in *Hordeum vulgare* [J]. Biochemical and Biophysical Research Communications, 190 (3): 1110 – 1114.

TANG R, LIU H, YANG Y, et al., 2012. Tonoplast calcium sensors CBL2 and CBL3 control plant growth and ion homeostasis through regulating V-ATPase activity in *Arabidopsis* [J]. Cell Research, 22 (12): 1650-1665.

TESTER M, DAVENPORT R, 2003. Na$^+$ tolerance and Na$^+$ transport in higher plants [J]. Annals of Botany, 91 (5): 503-527.

TIAN L, HUANG C, YUR, et al., 2006. Overexpression *AtNHX1* confers salt-tolerance of transgenic tall fescue [J]. African Journal of Biotechnology, 5 (11): 1041-1044.

TYAGI S, SHUMAYLA, VERMA P C, et al., 2020. Molecular characterization of *ascorbate peroxidase* (*APX*) and *APX-related* (*APX-R*) genes in *Triticum aestivum* L. [J]. Genomics, 112 (6): 4208-4223.

TYERMAN S D, SKERRETT I M, 1998. Root ion channels and salinity [J]. Scientia Horticulturae, 78 (1-4): 175-235.

TYERMAN S D, SKERRETT M, GARRILL A, et al., 1997. Pathways for the permeation of Na$^+$ and Cl$^-$ into protoplasts derived from the cortex of wheat roots [J]. Journal of Experimental Botany, 48 (Spec. No.): 459-480.

VASEKINA A V, YERSHOV P V, RESHETOVA O S, et al., 2005. Vacuolar Na$^+$/H$^+$ antiporter from barley: Identification and response to salt stress [J]. Biochemistry (Moscow), 70 (1): 100-107.

VOLKOV V, AMTMANN A, 2006. *Thellungiella halophila*, a salt-tolerant relative of *Arabidopsis thaliana*, has specific root ion-channel features supporting K$^+$/Na$^+$ homeostasis under salinity stress [J]. The Plant Journal, 48 (3): 342-353.

WANG B, DAVENPORT R J, VOLKOV V, et al., 2006. Low unidirectional sodium influx into root cells restricts net sodium accumulation in *Thellungiella halophila*, a salt-tolerant relative of *Arabidopsis thaliana* [J]. Journal of Experimental Botany, 57 (5): 1161-1170.

WANG C, ZHANG J, LIU X, et al., 2009. *Puccinellia tenuiflora* maintains a low Na$^+$ level under salinity by limiting unidirectional Na$^+$ influx resulting in a high selectivity for K$^+$ over Na$^+$ [J]. Plant, Cell & environment, 32 (5): 486-496.

WANG S, ZHENG W, REN J, et al., 2002. Selectivity of various types of salt-resistant plants for K$^+$ over Na$^+$ [J]. Journal of Arid Environments, 52 (4): 457-472.

WANG Y, YING J, ZHANG Y, et al., 2020. Genome-wide identification and functional characterization of the cation proton antiporter (CPA) family related to salt stress response in radish (*Raphanus sativus* L.) [J]. International Journal of Molecular Sciences, 21 (21): 8262.

WANG Z, HONG Y, LI Y, et al., 2021. Natural variations in *SlSOS1* contribute to the loss of salt tolerance during tomato domestication [J]. Plant Biotechnology Journal, 19 (1): 20-22.

WATAD A E, PESCI P A, REINHOLD L, et al., 1986. Proton fluxes as a response to external salinity in wild type and NaCl-adapted *Nicotiana* cell lines [J]. Plant Physiology, 81 (2): 454-459.

WEGNER L H, SATTELMACHER B, LAUCHLI A, et al., 2010. Trans-root potential, xylem pressure, and root cortical membrane potential of 'low-salt' maize plants as influenced by nitrate and ammonium [J]. Plant Cell & Environment, 22 (12): 1549-1558.

WHITE P J, 1999. The molecular mechanism of sodium influx to root cells [J]. Trends in Plant Science, 4 (7): 245-246.

WHITE P J, RIDOUT M, 1995. The K$^+$ channel in the plasma membrane of rye roots has a multiple ion residency pore [J]. Journal of Membrane Biology, 143 (1): 37-49.

WINTER E，1982. Salt tolerance of *Trifolium alexandrinum* L. III. effects of salt on ultrastructure of phloem and xylem transfer cells in petioles and leaves [J]. Functional Plant Biology, 9 (2): 239 - 250.

WU Y X，DING N，ZHAO X，et al.，2007. Molecular characterization of *PeSOS1*: the putative Na⁺/H⁺ antiporter of *Populus euphratica* [J]. Plant Molecular Biology, 65: 1 - 11.

XIONG L，ZHU J，2002. Molecular and genetic aspects of plant responses to osmotic stress [J]. Plant, Cell & Environment, 25 (2): 131 - 139.

XU H，JIANG X，ZHAN K，et al.，2008. Functional characterization of a wheat plasma membrane Na⁺/H⁺ antiporter in yeast [J]. Archives of Biochemistry & Biophysics, 473 (1): 8 - 15.

Xue Z，Zhi D，Xue G，et al.，2004. Enhanced salt tolerance of transgenic wheat (*Tritivum aestivum* L.) expressing a vacuolar Na⁺/H⁺ antiporter gene with improved grain yields in saline soils in the field and a reduced level of leaf Na⁺ [J]. Plant Science, 167 (4): 849 - 859.

YAMAGUCHI T，FUKADA - TANAKA S，INAGAKI Y，et al.，2001. Genes encoding the vacuolar Na⁺/H⁺ exchanger and flower coloration [J]. Plant & Cell Physiology, 42 (5): 451 - 461.

YANG H，KNAPP J，KOIRALA P，et al.，2007. Enhanced phosphorus nutrition in monocots and dicots over - expressing a phosphorus - responsive type Ⅰ H⁺ - pyrophosphatase [J]. Plant Biotechnology Journal, 5 (6): 735 - 745.

YANG Q，WU M，WANG P，et al.，2005. Cloning and expression analysis of a vacuolar Na⁺/H⁺ antiporter gene from alfalfa [J]. DNA sequence, 16 (5): 352 - 357.

YAO X，HORIET，XUE S，et al.，2009. Differential sodium and potassium transport selectivities of the rice OsHKT2; 1 and OsHKT2; 2 transporters in plant cells [J]. Plant Physiology, 152 (1): 341 - 355.

YARRA R，2019. The wheat *NHX* gene family: Potential role in improving salinity stress tolerance of plants [J]. Plant Gene, 18: 100178.

YE C，YANG X，XIA X，et al.，2013. Comparative analysis of cation/proton antiporter superfamily in plants [J]. Gene, 521 (2): 245 - 251.

YEO A R，FLOWERS T J，1980. Salt tolerance in the halophyte *Suaeda maritima* L. Dum.: Evaluation of the effect of salinity upon growth [J]. Journal of Experimental Botany, 31 (4): 1171 - 1183.

YEO A，1998. Molecular biology of salt tolerance in the context of whole - plant physiology [J]. Journal of Experimental Botany, 49 (323): 915 - 929.

YIN X，YANG A，ZHANG K，et al.，2004. Production and analysis of transgenic maize with improved salt tolerance by the introduction of *AtNHX1* gene [J]. Acta Botanica Sinica, 46 (7): 854 - 860.

ZHANG H，BLUMWALD E，2001. Transgenic salt - tolerant tomato plants accumulate salt in foliage but not in fruit [J]. Nature Biotechnology, 19 (8): 765 - 768.

ZHANG J，FLOWERS T J，WANG S，2010. Mechanisms of sodium uptake by roots of higher plants [J]. Plant & Soil, 326 (1 - 2): 45 - 60.

ZHANG W，MENG J，XING J，et al.，2017. The K⁺/H⁺ antiporter AhNHX1 Improved tobacco tolerance to NaCl stress by enhancing K⁺ retention [J]. Journal of Plant Biology, 60 (3): 259 - 267.

ZHOU H，QI K，LIU X，et al.，2016. Genome - wide identification and comparative analysis of the cation proton antiporters family in pear and four other Rosaceae species [J]. Molecular Genetics and Genomics, 291 (4): 1727 - 1742.

第七章

根系质外体屏障与植物耐盐抗旱性

第一节 根系质外体屏障的建立

植物需要利用根通过质外体途径、共质体途径以及跨细胞途径不断地从土壤中获取水和养分（Steudle，2000，2001）。除了供应植物自身发育的营养以外，植物根还能响应环境胁迫，其中，质外体屏障发挥着重要的作用。质外体屏障是在根的内皮层中形成的一种双向屏障，不仅控制养分运输，确保植物有选择性地吸收水和营养物质，有缓解缺水胁迫的能力，还防止中柱中养分的泄露，同时隔离有毒物质以及限制病原体的扩散（Barbosa et al.，2019）。以模式植物拟南芥内皮层的木质化和木栓化所形成的质外体屏障作为模型，学界已经逐渐阐明了许多与木栓质生物合成相关的酶以及转录调控因子，凯氏带和木栓质被认为是培育耐旱和耐盐作物的关键选择目标。研究质外体屏障，有可能提高作物对干旱或盐的抗性，以及它们对病原体攻击的抵抗力，同时调节它们与有益微生物群的相互作用。

一、内皮层的结构与功能

内皮层是包围在维管组织外层的细胞层，从横切结构来看，是类似于环状的细胞群。通俗来讲，若将植物的根系看作动物的肠道，那内皮层就是肠道上皮，起到保护维管组织的作用。在内皮层中有两个特殊的结构，凯氏带和木栓层。凯氏带和木栓层结构的存在造就了内皮层结构的特殊性。

二、凯氏带结构及化学组成

凯氏带是德国植物学家 Robert Caspary 于 1865 年发现的，当时他推测凯氏带可能是内皮层结构中的一种保护层，而这个推测后来经过大量的生理学和解剖学试验得到证实。长期以来，内皮层的初级分化是根据凯氏带的发育来评估的。凯氏带位于初生细胞横壁和背斜细胞壁的 1/4～1/3 处，主要由植物细胞壁中单木质素前体氧化产生，于内皮层细胞壁之间的空间沉积，先形成一个不连续木质素斑块后逐渐构成一个环状结构（Schreiber，

1998；Zeier et al.，1998；Naseer et al.，2012)。

普遍的观点认为，凯氏带的化学组成是木质素，其中木质素是一种由苯基丙二醇或其衍生物聚合而成的芳香性高聚物。凯氏带含有大量的纤维素和其他聚合物，且对水具有高度亲和性。凯氏带中是否存在木栓质，始终存在争议 (Geldner et al.，2013)。然而，在拟南芥中利用大量突变体的组织进行化学染色的研究发现，在早期形成的凯氏带中，没有木栓质的存在，单由木质素聚合物构成的凯氏带结构完全可以起到质外体屏障的功能 (Naseer et al.，2012)。木质素是木材的主要成分，能够使维管植物生长得更高，并使其能够有效地进行长距离的物质运输，在进化过程中发挥着非常重要的作用。所有维管植物的内皮层和许多植物的外皮层都发育有凯氏带，凯氏带中的木质素是耐降解的，可以有效地稳定土壤中的有机质 (Harman-Ware et al.，2021)。

凯氏带以凯氏带膜结构域蛋白 CASP 的定位，募集过氧化物酶64 (PER64) 和结构域蛋白 ESB1 以及其他分泌蛋白，用于木质素聚合和正确沉积 (Lee et al.，2013)。凯氏带代表内皮层分化的第一阶段，在外质体运输途径中发挥屏障作用，是控制分子和离子运输的主要障碍 (Hosmani et al.，2013)。据报道，在研究过的许多被子植物中，93%的被子植物具有木质化的凯氏带以及木栓化的扩散屏障 (Perumalla et al.，1990)。完整的凯氏带结构会填充整个细胞间隙，阻碍质外体途径的运输 (Vishwanath et al.，2015)。在盐胁迫下，凯氏带主要控制根细胞间隙中 Na^+ 和 Cl^- 等离子的运动，有效阻止溶质的质外体扩散 (Ranathunge et al.，2011)。

三、木栓层结构及化学组成

木栓层是木栓质沉积在细胞外围形成的层状结构，包裹整个细胞，可理解为细胞壁的特异性增厚。木栓层的存在形成了对跨细胞途径的屏障，阻碍物质进行跨膜运输。细胞壁的特异性增厚不仅阻塞细胞间隙，也能对质外体途径形成屏障作用 (王平等，2019)。

木栓层由木栓质组成。木栓质一词来源于拉丁语 suber，大致意思是栓皮。木栓质最初是从栓皮栎中获取的，因具有良好的耐化学性、疏水性以及隔离性而被广泛应用。木栓质的本质是一种亲脂性高分子生物聚合物 (Shukla et al.，2021)，主要由脂肪族和芳香族化合物组成 (刘鑫，2021)。脂肪族化合物组分主要有脂肪酸、α，ω-二羟基脂肪酸 (α，ω-二酸)、ω-羟基脂肪酸 (ω-羟基酸)、伯醇、中链含氧脂肪酸、未被取代的脂肪酸等，芳香族化合物组分主要有阿魏酸、对羟基肉桂酸等 (Franke et al.，2007；Ranathunge et al.，2011；Graça et al.，2015；Vishwanath et al.，2015；刘鑫等，2021)。脂肪族化合物具有高度的疏水性 (Wang et al.，2019)，因此被认为是水分运输过程中的主要屏障；而芳香族化合物可能对溶质和病原体形成屏障作用 (Ranathunge et al.，2011；Wang et al.，2020；刘鑫等，2021)。

第二节　质外体屏障调控机制

根系质外体屏障受诸如干旱、高盐、机械损伤、病原微生物入侵和土壤中的重金属污染以及土壤酸度等外部环境胁迫的诱导（Krishnamurthy et al.，2011；Ranathunge et al.，2011）。根系质外体屏障在植物需要保护时就会合成和积累，将自身维管组织与外部环境隔离。在根内皮层中，通常当凯氏带有缺陷时，木栓化水平增强。然而，目前还不完全清楚木质化和木栓化是如何相互作用的，以及它们如何与胁迫信号相互作用。

一、基因调控

内皮层屏障受多种因素调控，首先环境因素扮演着重要的角色，在适宜的环境条件下或逆境胁迫条件下，植物根系表型一般存在很大的差异。从宏观角度看，植物受生物（虫害和细菌、真菌病害等）和非生物胁迫（干旱、涝害、高温、低温、盐碱化、离子毒害等）刺激后，体内的调控机制受到激发，进而影响内皮层屏障的形成。目前，学界对内皮层屏障的内在调控机制知之甚少，但仍有不少的研究表明激素和转录因子参与内皮层屏障的调控。

（一）MYB 转录因子家族成员参与内皮层屏障的调控

目前，学界对内皮层调控机制的研究依然停留在极为有限的范围内，只能从局部解释一些转录因子参与内皮层屏障的调控，更为详细的调控网络仍有待挖掘。内皮层屏障转录调控的研究主要集中在拟南芥、水稻等模式植物上面，尤其通过拟南芥突变体的研究，学者们发现众多 MYB 家族转录因子成员调控质外体屏障的形成。

MYB 家族是植物中最大的一个转录因子家族，根据 MYB 结构域中相邻重复序列的数量可分为 3 个亚家族。一般把含有一个 MYB 重复基序的 MYB 类蛋白称为"MYB1R"因子，有 2 个重复基序的称为"R2R3 型"因子，有 3 个重复基序的称为"MYB3R"因子。MYB 家族中，大部分家族成员拥有 R2R3 型的结构域。研究发现，在拟南芥中，R2R3 型 MYB 转录因子控制植物部分的次生代谢过程以及部分细胞特性和细胞命运（Stracke，2001）。在以往的研究中，MYB 家族成员对内皮层屏障的调控起着关键的作用，单个成员就能对内皮层的凯氏带结构或木栓层结构起着关键的调控作用。

凯氏带是由木质素聚合物聚合而成的，木质素聚合物沉积在垂斜细胞壁上，环绕着内皮层细胞，填充了内皮层的细胞壁空间。木质素聚合物的这种准确定位是通过过氧化物酶64（PER64）和呼吸爆发氧化酶同源蛋白 F（RBOHF）介导，通过与凯氏带结构域蛋白（CASP）结合并锚定在凯氏带沉积位点来实现的。CASP 在内皮层中特异性表达，并定位于内皮层垂斜细胞壁中部的质膜区域，指导凯氏带在正确的位置形成（Liberman et al.，2015）。一个含有 dirigent 结构域的蛋白 ESB1 也定位于凯氏带区域，是木质素正确沉积和凯氏带稳定所必需的因子，其功能突变将导致凯氏带不能正确形成，但是会大幅增加木栓质单体含量，因此得名 ENHANCED SUBERIN 1（增强木栓质，ESB1）。以上这些基因是凯氏带形成的必要工具，只有这些相关基因正确表达才能指导凯氏带的正确形成。转录因子 MYB36 在协调根内皮层定位和凯氏带形成过程中发挥着重要的作用。MYB36 正向调控凯氏带合成基因 CASP1、PER64 和 ESB1 的表达，拟南芥 myb36 突变体根系中不存在凯氏带结构，内皮层屏障功能遭到破坏，这说明了 MYB36 是控制木质素在细胞壁中形成的关键因子（Kamiya et al.，2015）。此外，另外一项研究更进一步佐证了 *MYB36* 是凯氏带生物合成的正向调控因子。MYB36 与富亮氨酸重复受体样激酶 SCHENGEN3 作为 2 条互相独立的途径影响着凯氏带的形成（Kamiya et al.，2015）。在水稻的研究中，*OsMYB36a*，*OsMYB36b*，*OsMYB36c* 这 3 个转录因子在根尖位置高度表达，它们对内皮层凯氏带的调控相互冗余，同时敲除这 3 个基因之后导致内层凯氏带的完全缺失，延缓了植物正常生长（Wang et al.，2022）。

内皮层的发育开始于根的分生组织，受转录因子 SHORT‐ROOT（SHR）和 SCARECROW（SCR）调控（Xu et al.，2022）。SHORT‐ROOT（SHR）是一种 GRAS 转录因子，在内皮层细胞形成的过程中调节细胞的不对称分裂和决定细胞命运。在根系的成熟区，SHR 被证明其一部分功能是通过调节凯氏带的形成来促进内皮层的分化。SHR 位于 MYB36 上游，二者互作可特异性地诱导根内皮层的木栓化。SHR 介导木栓化正调控的过程是一个多级调控网络。SHR 可通过提升根系 ABA 水平，促进木栓化来响应胁迫，也可通过 ABA 非依赖途径诱导木栓化过程（Wang et al.，2020a）。MYB39（SUBERMAN，SUB）是 SHR/MYB36 通路和 ABA 触发反应的共同下游枢纽，可直接结合 *FAR5*（*alcohol‐forming fatty acyl‐coenzyme A reductase*）启动子激活表达，因此控制着根木栓质片层的形成。*SUB* 调控根内皮层木栓化，对根系吸收能力有实质性的影响，会导致不同的根和叶表型。基因表达谱显示，*SUB* 功能影响木栓质、苯丙素、木质素和角质层脂质生物合成相关的转录网络，甚至会影响根运输活性、激素信号和细胞壁修饰。*SUB* 在烟草（*Nicotiana benthamiana*）叶片中的瞬时表达导致异源木栓质基因被诱导，木栓质单体积累，进而形成木栓质片层。在正常发育过程中，*SUB* 能调节根内皮层的形成，说明它是一个组成型基因（Cohen et al.，2020）。*MYB39* 在根内皮层的特异性过表达显著增强了根系内皮层木栓化程度（Wang et al.，2020a）。

MYB41 是一个木栓化正调控转录因子，在拟南芥和烟草中的过表达将导致叶表皮和叶肉细胞形成木栓化片层，并激活脂肪族木栓质的生物合成和细胞壁木栓质片层沉积等关键步骤（Kosma et al.，2014）。目前已发现的单基因敲除突变体中，*myb41* 是对木栓化延迟和缺陷表型最为明显的一个，而且 *MYB41* 也是植物中被首个报道的调控木栓化的转录因子。

尽管如此，*myb41* 突变体根系中的木栓质并没有完全消失，这表明还有其他功能冗余的基因也参与到木栓质的合成调控当中。瑞士日内瓦大学的科学家进一步研究发现，几个与 *MYB41* 同源性较高的 R2R3 型 MYB 转录因子亚家族成员 *MYB53*、*MYB92*、*MYB93*，拥有着同 *MYB41* 相似的功能，其过表达能促进木栓质的生物合成。同时，研究者们利用 CRISPR‐Cas9 基因编辑技术得到一个四突变体 *myb41‐myb53‐myb92‐myb93*，该突变体是目前对木栓化抑制程度最强烈的一个，但仍没有完全抑制木栓化，说明仍有其他未知的冗余基因参与调控木栓化，可见木栓化的转录调控是个十分复杂的过程（Kosma et al.，2014；Shukla et al.，2021）。

近几年，研究者们还发现了一些 MYB 家族的新成员参与根系木栓化调控。在拟南芥中，MYB68、MYB74、MYB84、MYB9、MYB107 为木栓化的正调控因子；MYB6、MYB122 和 MYB70 是木栓化的负调控因子（Lashbrooke et al.，2016；Wan et al.，2021；Xu et al.，2022）。在拟南芥中，MYB58、MYB63 和 MYB85 激活纤维和维管组织中木质素的生物合成，MYB68 负调控根中木质素的沉积，MYB46 是纤维和微管中木质素生物合成的正调节因子，也调节纤维素和木聚糖的沉积（Dubos.，2010）。MYB52、MYB54、MYB69 和 MYB103 是纤维细胞细胞壁增厚的正调控因子。MYB52、MYB54 和 MYB69 分别调控木质素、木聚糖和纤维素的生物合成，MYB103 调控纤维素的生物分成（Dubos，2010）。

（二）其他转录因子参与内皮层木栓化

除了 MYB 家族的成员以外，其他一些基因家族成员也参与内皮层的调控。ANAC046 转录因子在拟南芥调控木栓质生物合成和沉积中发挥着重要的作用。亚细胞定位和转录活性分析表明，ANAC046 定位于细胞核，起着转录激活剂的作用。pANAC046：GUS 株系的分析表明，ANAC046 主要在根的内皮层和周皮表达，也可在机械损伤的叶片中表达。与野生型相比，过表达 ANAC046 的株系根系木栓化显著增强，这表明 ANAC046 是木栓质合成的正调控因子（Mahmood et al.，2019）。此外，拟南芥 WRKY9、WRKY33 也被证实正调控内皮层木栓化（Krishnamurthy et al.，2020；Krishnamurthy et al.，2021）。

（三）木栓质单体生物合成中的关键酶

GPAT5 编码一种酰基辅酶 A 甘油-3-磷酸酰基转移酶。RT-PCR 和 β-葡萄糖醛酸酶启动子融合分析表明，GPAT5 在种子皮、根、下胚轴和花药中表达。拟南芥 gpat5 突变体植株幼根中脂肪族木栓质减少了 50%，种皮中木栓质典型的超长链二羧酸和 ω-羟基脂肪酸含量大幅度减少，膜和表面蜡质的组分和含量没有变化（Beisson et al.，2007）。

超长链脂肪酸（VLCFA）是根脂肪族木栓质生物合成的前体。VLCFA 生物合成的第一步是通过 β-酮酰 CoA 合成酶（KCS）将 C2 亚基冷凝成酰基辅酶 A（CoA）。拟南芥突变体 kcs2/daisy 在 VLCFA 合成上存在缺陷。与野生型相比，kcs2/daisy 突变体根系生长受到干扰，木栓质 C22 和 C24 VLCFA 衍生物含量降低，而 C16、C18、C20 衍生物在根系中积累，这表明 KCS2/DAISY 是一种 C22 酸合成酶。DAISY 在 NaCl 胁迫时被转录激活，在聚乙二醇（PEG）诱导的干旱胁迫和机械损伤时也被激活。这些结果表明，DAISY 参与木栓质的生物合成，参与 DAISY 表达区域保护层的形成，并参与对不利环境条件的应答（Franke et al.，2009）。kcs20-kcs2/daisy-1 双突变体的根表现出生长迟缓和内皮层的木栓质片层结构异常。kcs20-kcs2/daisy-1 与 kcs20 和 kcs2/daisy-1 单突变体相比，根中脂肪族木栓质 C22 和 C24 超长链脂肪酸衍生物显著减少，而 C20 超长链脂肪酸衍生物显著增加。这表明 KCS20 和 KCS2/DAISY 在 C22 超长链脂肪酸的双碳延伸过程中具有功能冗余性，而这是根木栓质生物合成所必需的（Lee et al.，2009）。

细胞色素 P450 脂肪酸 ω-羟化酶 CYP86A1 是脂肪族木栓质生物合成的关键酶。相应的 horst 突变体显示，链长<C20 的 ω-羟基酸显著减少，这表明 CYP86A1 调控根木栓化组织中脂肪酸前体在 ω 位点上的羟化酶（Höfer et al.，2008）。在拟南芥中，CYP86B 亚家族的代表有 CYP86B1 和 CYP86B2，它们与 CYP86A1 具有 45% 的同源性。CYP86B1 是一种超长链脂肪酸羟化酶，敲除和过表达试验证实了 CYP86B1 是木栓质中超长链饱和 α，ω 双羧基酸单体生物合成所必需的氧化酶（Compagnon et al.，2009；Molina et al.，2009）。

酰基转移酶 BAHD 家族的成员 *ASFT*，是阿魏酸与脂肪族木栓质酯化所必需的。*asft* 突变体中几乎完全消除了木栓质相关的酯，然而典型的木栓质片层状结构没有被破坏（Molina et al.，2009）。

拟南芥 UDP-葡萄糖：甾醇葡糖基转移酶 UGT80B1 与种子中的木栓化有着极大的关系。*ugt80B1* 突变体种子表现出木栓化程度减少的现象。扫描透射电镜显示 *ugt80B1* 种皮的外层表层角质层缺失，并显示出细胞形态的改变。气相色谱-质谱联的分析证实了脂肪族木栓质和类角质聚合物的急剧减少（DeBolt et al.，2009）。

脂肪酸衍生的伯醇（primary alcohol）是木栓质的主要组分之一，在拟南芥中有一个编码脂肪酸酰基 CoA 还原酶的基因家族（FAR），这个基因家族有 8 个成员，其中，*FAR1*、*FAR4*、*FAR5* 定位于根内皮层细胞，这 3 个基因均受到机械损伤和盐胁迫的转录诱导。这些基因表达模式与已知的木栓层沉积位点相吻合。在相应的突变体中发现，FAR5-1 负责 C18：0 伯醇的合成，FAR4-1 负责 C20：0 伯醇的合成，而 FAR1-1 控制 C22：0 伯醇（Domergue et al.，2010）。

二、激素调控

质外体屏障的建立受植物激素的调节，激素触发各种信号转导过程。目前，研究者们发现质外体屏障主要受脱落酸（ABA）和乙烯的调控，其中 ABA 为木栓化的正调控因子，而乙烯负调控木栓化（Barberon et al.，2016）。

（一）ABA

ABA 诱导根内皮层的木栓质生物合成及木栓质在细胞外的沉积（Wang et al.，2020）。ABA 不仅会增强局部木栓质的积累，还加快了木栓化进程，会导致幼根部分提前木栓化，也会导致木栓质在皮层的异位沉积。许多非生物胁迫，包括盐、干旱以及 S、K 等大量营养元素缺乏，可以通过 ABA 的信号通路增强内皮层木栓化，以提高植物对胁迫的适应（Barberon et al.，2016）。在拟南芥中，大多数控制木栓化的基因是由 ABA 诱导的，经过外源 ABA 处理后，参与木栓质生物合成的基因被显著激活，包含 9 个 MYB 转录因子的网络与 ABA 的信号相互作用，在环境胁迫下参与质外体屏障发育的调节。其中，MYB74 和 MYB68 是 ABA 信号转导和内皮层木栓化之间相互作用的枢纽。ABA 信号和木栓化调控网络之间的相互作用可以协调植物的发育和应激反应（Xu et al.，2022）。除此以外，ABA 在马铃薯（*Solanum tuberosum*）块茎周皮木栓化中也发挥调节作用（Woolfson et al.，2022）。木栓化被证明受到多种营养吸收的调节，其中，S 和 K 缺乏调控木栓化的形成是由 ABA 信号所控制的。木栓质缺乏的植物在较老的叶片中发生叶缘失绿，这就是一种典型的缺 K 症状（García et al.，2010；Pfister et al.，2014）。K 通道突变和 K 缺乏增强了木栓化，这表明增强的木栓化是对 K 缺乏的适应性反应，有助于植物在限制条件下维持 K 稳态（Barberon et al.，2016）。此外，ABA 激素信号调控根系质外体屏障，与植物的耐盐性密切相关。

（二）乙烯

木栓质的形成涉及乙烯的负调控，乙烯使木栓质积累减少。在乙烯前体 ACC 的处理下，植物初生根的发育受到影响，幼根部位积累的木栓质显著减少，已形成木栓层的老根部位木栓质也会消失（Barberon et al.，2016）。一些微量营养元素（如 Fe、Mn、Zn）的缺乏会通过乙烯信号通路调控木栓化，导致根内皮层细胞木栓化的程度降低。在 *etr1* 和 *ein3* 突变体中，Fe、Mn 或 Zn 缺乏通过乙烯信号通路减少了木栓质积累。乙烯感知抑制剂 AgNO$_3$ 和乙烯生物合成抑制剂 AVG 可以阻止缺 Fe 时木栓化的减少。乙烯可以显著抑制 MYB74、MYB84、MYB39、MYB41、MYB53 等的表达，而在 ABA 处理下它们的表达显著增强。这也再次证明了乙烯和 ABA 的拮抗作用，并且这些 MYB 可能就是乙烯和 ABA 之间拮抗作用的靶标（Xu et al.，2022）。虽然乙烯诱导的去木栓化和 ABA 对木栓化的正调节在植物根内皮层响应非生物胁迫的过程中起着拮抗作用，但是其潜在机制尚不完全清楚（Barberon et al.，2016）。

（三）其他激素

其他植物激素也可能参与了对木栓化的调控。与乙烯相似，生长素抑制了参与内皮层亚酯化的 GDSL 型酯酶/脂肪酶（GELP）中许多成员（*GELP22，38，49，51，96*）的表达，而木栓质的沉积强烈需要这几个 GELP；这些酶被 ABA 诱导激活，尽管如此，ABA 处理却不能补救 *gelps* 五突变体的木栓化缺陷。此外，几个生长素诱导的 GELP（*GELP12，55，72，73，81*）能降解木栓质，这表明生长素也可以在根木栓化的过程中与乙烯协同作用，以对抗 ABA 的诱导。这一个生长素依赖的木栓质降解和诱导过程，可能参与侧根形成时质外体屏障的破坏和重建（Li et al.，2017；Ursache et al.，2021）。赤霉素（GA）也调节了内皮层的发育过程，在 GA 对内皮层影响的研究中，鉴定出了一种 NPF 转运蛋白的单系分支 NPF2.14，这是已知的在中柱鞘中表达的第一个亚细胞 GA/ABA 转运蛋白。NPF2.14 调节激素从中柱到内皮层的运输，促进 GA 和 ABA 在根内皮层的积累，调节根中内皮层的木栓化。此外，与 *NPF2.14* 密切相关的 *NPF2.12* 和 *NPF2.13* 均在中柱鞘韧皮部中表达，促进这两种激素的运输，可调节内皮层中激素的积累，催化 GA 产生的 *GA3ox1* 和 *GA3ox2* 在中柱中表达，将 GA 转化为生物活性 GA$_4$ 形式，然后再通过 *NPF2.12* 和 *NPF3.1* 从中柱传递到内皮层。GA 和 ABA 可能起到协同作用促进生长，但 GA 是如何调节木栓化的目前还不清楚（Shani et al.，2022）。同时，各激素之间相互影响，在一定程度上，间接参与调控质外体屏障的形成，或与植物其他生理代谢过程相互作用而影响植物的抗性。

第三节　质外体屏障与物质运输

一、质外体屏障的功能概述

众所周知，土壤含有植物所需的水分和营养物质，但也含有对植物有害的病原菌和有毒化合物。根系内皮层屏障能平衡水分和养分的吸收，并且能与共生生物相互作用，有效抵御生物和非生物因素的干扰（Duan et al.，2013；Kosma et al.，2014；Robbins et al.，2014；Wang et al.，2019）。内皮层屏障具有双向屏障的功能，一方面防止土壤中的水分和矿物质养分进入中央的维管组织，使植物通过质外体途径控制木质部的营养组分；另一方面能阻止木质部的营养物质回流到皮层质外体空间中，进而提高养分的利用率（Doblas et al.，2017；Barberon et al.，2017；王平等，2019）。

二、水和溶质径向运输的途径

植物根系吸收水分和养分最活跃的区域是靠近根尖的区域，首先是因为根尖区域具有丰富的根毛，相比于其他区段，根尖区域与水分和养分接触面积更大，有利于水分和溶质的吸收；其次根尖区域属于未发育成熟的区段，该区域的物质运输承受相对较小的阻力。因此，要明确质外体屏障在水和溶质吸收、运输中的作用，就需要了解根系物质运输途径。

高等植物物质运输是物质通过表皮、皮层、内皮层的径向运输进入中柱组织，再通过植物的蒸腾作用输送至地上部分的过程（Barberon and Geldner，2014；Barberon et al.，2017；王平等，2019）。根系作为吸收水分和养分的关键部位，把控着植物生长发育的命脉。一般来说，植物根系物质的径向运输有以下 3 种不同的途径（Geldner，2013；Barberon and Geldner，2014；Robbins et al.，2014；Barberon et al.，2016）：

第一，质外体途径：是指水分和养分在细胞壁、细胞间隙、细胞层以及导管空腔等非细胞质部分中的移动。因为此过程中水分和养分在质外体运动，不参与跨膜运输，所以运输过程阻力小，移动速度快。

第二，共质体途径：是指靠胞间连丝把物质从一个细胞转运到相邻的细胞中，再借助原生质的环流，带动养分的运输，最后向中柱转运。此过程相较于质外体途径运输速度相对较慢。

第三，跨细胞途径：是指物质从一个细胞跨膜运输到相邻细胞的过程。这个过程需要膜上蛋白介导，在运输过程当中承受着膜的阻力，运输速度最为缓慢。

在物质进行径向运输时，根系组织的内皮层结构起到一定的阻力作用，进而参与物质的径向运输。因此，研究内皮层的结构、化学组成以及调控机制显得尤为重要。

三、质外体屏障的发育和物质运输特点

（一）内皮层的初级分化与次级分化

1. 初级分化
在物质径向运输过程当中，位于内皮层的凯氏带开始形成，阻断细胞间隙中物质的运输，形成对质外体途径的屏障。这个过程中共质体途径和跨细胞途径不会受到影响，依然能执行物质运输的功能。

2. 次级分化

在这个阶段,木栓质片层沉积在内皮层细胞壁外围,阻断物质通过跨细胞途径向维管组织的运输,但共质体途径仍能执行物质运输的功能。内皮层分化成熟的两个标志是阻断质外体途径的凯氏带和阻断跨细胞途径的木栓层的形成。

(二) 内皮层屏障的纵向发育

1. 内皮层未发育阶段

靠近根尖区域的根段处在未发育阶段,内皮层中没有阻碍质外体途径的凯氏带和跨细胞途径的木栓质片层,所以水和养分物质可通过质外体途径、共质体途径以及跨细胞途径进入根系中柱组织。在这个区域,物质运输的特点是运输速度快、运输量大以及运输阻力小等 (图 7-1)。

2. 内皮层"补丁 (patchy)"发育阶段

"补丁"区域处在未发育区域与靠近根基部完全发育区域之间的过渡区域,凯氏带和木栓层的发育不完全,凯氏带呈现"珍珠串"状,木栓质片层被连续打断,呈现"补丁"状,故称此阶段为"补丁"发育阶段。"补丁"发育阶段因为存在着不连续的木栓层,所以对物质的运输仍存在一定的阻力 (图 7-1)。

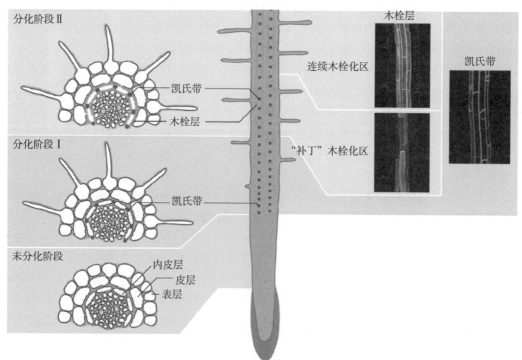

图 7-1 内皮层质外体屏障的分化 (Barberon et al. ,2017)

第一阶段形成凯氏带 (小点),第二阶段形成木栓质片层 (框线)。木栓质片层的形成从"补丁"木栓化区开始,逐渐形成连续木栓化区最终覆盖整个内皮层细胞表面。

3. 内皮层完全发育阶段

"补丁"区域往上的内皮层,随着木栓质的进一步沉积,形成连续的木栓层和完整的凯氏带，一直延伸到根基部的区域，该阶称为内皮层的完全发育阶段。因该阶段木栓层和凯氏带完全形成，所以实现了屏障作用的最大化，既可有效阻止外部根系的水分、气体和离子进入中柱组织中，也能防止根系内的 O_2、水分以及养分离子散失到环境中（图 7 - 1）。

综合内皮层的发育和物质运输的特点，可以总结以下几个要点：第一，内皮层屏障从根尖到根基部逐渐增强；第二，物质运输主要吸收部位为内皮层靠近根尖未分化的区域以及相对阻力较小的"补丁"区域；第三，内皮层发育的 3 个阶段，物质运输承受的阻力大小依次是完全发育阶段＞"补丁"发育极端＞未发育阶段；第四，传统概念上，根尖是物质吸收最敏感的区域，从内皮层屏障以及分化的角度解释也具有一定的科学依据；第五，内皮层屏障既可有效地控制气体、水分以及养分运输到维管组织，也可以防止它们回流到土壤中。

第四节　质外体屏障与植物耐盐抗旱性

一、质外体屏障在干旱和盐胁迫下的响应

（一）干旱和盐胁迫影响木栓质和木质素的合成

短期的盐胁迫下，编码木栓质生物合成酶的 mRNA 增加，胁迫几天后，木栓化增强（Krishnamurthy et al.，2009）。盐胁迫诱导了耐盐水稻品种 Pokkali 内皮层中木栓质单体的合成，特别是链长为 C16、C18、C24、C26 和 C28 的脂肪族组分随着盐胁迫加重而增加（Krishnamurthy et al.，2009）。芳香族单体数量在盐胁迫下也增加，且较高的盐浓度有更强的诱导作用，在含盐介质中生长的水稻根系中木质素和芳香族木栓质的总量显著增加（Krishnamurthy et al.，2011）。在大麦中，木栓化随着盐浓度的增加在根尖位置被显著诱导，这种诱导也反应在木栓质单体的数量增加上，C18：1 双羧基酸、C18 和 C24 ω-OH 成倍增加，根尖处芳香族单体数量也大幅增加（Thangamani et al.，2022）。在旱生植物，如四合木（*Tetraena mongolica*）、霸王（*Zygophyllum xanthoxylum*）中，发现了更多的木栓质单体的形成（Zhou et al.，2022），老芒麦中，抗旱种质要比干旱敏感种质具有更多的木栓质单体（Liu et al.，2022）。

（二）干旱和盐胁迫影响质外体屏障的发育

干旱胁迫、涝胁迫和盐胁迫都可以引起水稻中木栓质沉积（Shiono et al.，2014）。木栓化程度会随着根龄增加而增加，老根部位有更完整的木栓化，而干旱缺水会诱导幼嫩根组织中的木栓化（Yin et al.，2019）。大麦（*Hordeum vulgare* L.）根中木栓层的形成在渗透胁迫下增强（Kreszies et al.，2019）。在缺水条件下，葡萄（*Vitis vinifera* L.）根中木栓质也被诱导沉积（Zhang et al.，2020）。干旱胁迫导致根中木栓化程度增强，并使质外体运输途径的阻力增大。其中，干旱对凯氏带和木栓层发育的影响存在不一致性，例如干旱引起的渗透胁迫增强了大麦的木栓化，但不增强木质化（Kreszies et al.，2019），而长期干旱会增加拟南芥根木栓质的含量，但不会改变其明暗相间的片层结构（de Silva et al.，2021）。

内皮层木栓质的沉积也会随着盐胁迫的加重而增强。在盐胁迫下，木栓质沉积呈动态变化，盐浓度越高，形成的凯氏带和木栓质更靠近根尖，并且在盐处理后，更多的"补丁状"凯氏带和木栓质发育加快，形成了连续的疏水屏障。通过对3个不同耐盐品种的水稻进行比较，发现，耐盐品种的木栓化程度最高，Na$^+$在地上部的积累也最少。不论是在敏感还是在耐受品种中，盐胁迫都诱导了屏障的增强（Krishnamurthy et al.，2009）。研究发现，在红树植物白骨壤（*Avicennia marina*）中，盐处理后的根外皮层和内皮层均出现明显的木栓化增厚（Cheng et al.，2020）。与水稻（*Oryza sativa*）相比，盐敏感的橄榄树（*Olea europaea*）的内皮层质外体屏障在盐胁迫后更靠近根尖，同时枝条高度也降低了（Krishnamurthy et al.，2011；Rossi et al.，2015）。同样，在玉米（*Zea mays*）中，盐会影响凯氏带的发育和宽度（Karahara et al.，2004）。干旱和盐胁迫对木栓化和木质化的影响有一定的区别，干旱所引起的渗透胁迫促进内、外皮层的木栓化，而高盐在大多数情况下会致使多层外皮层的形成。土壤生长的根也比水培生长的根具有更强的木质化屏障。

（三）干旱和盐胁迫影响质外体屏障的转录调控

膜结构域蛋白（CASP）家族参与了凯氏带的合成，*PEROXIDASE64*、*ESB1* 和 *RBOHF* 也参与了这一过程，这些基因在盐胁迫下均被诱导表达（Barzegargolchini et al.，2017）。*SbCAPS4* 受盐胁迫诱导，并在甜高粱的内皮层中表达，通过促进木质素单体合成来促进植物根系中质外体屏障的加强（Wei et al.，2021）。木栓质合成过程中的一种酰基转移酶 SbHHT1，其编码基因在盐胁迫下显著上调（de Silva et al.，2021）。富亮氨酸重复基序受体样激酶 SCHEGEN3 和 SCHEGEN 1 参与凯氏带的构建和维持其完整性，当受到逆境胁迫时，其编码基因的表达上调。盐胁迫还诱导了 *ASFT*、*ESB1* 和 *FHT* 这些与生物合成相关的基因的上调，参与脂肪酸合成的 P450 家族中 CYP86A1、CYP94A1、CYP194A2、CYP94A5 以及 CYP94B1 都在盐胁迫下被诱导（Krishnamurthy et al.，2020）。调控长链木栓质单体生物合成的 *DAISY/KCS2*，调控脂肪醇单体的基因 *FAR1*、*FAR4* 和 *FAR5*，都在盐和渗透胁迫下大量表达（Olga et al.，2022）。木栓质合成的关键转录因子 *AtMYB41* 的启动子需要 ABA 和 NaCl 等胁迫信号的激活（Kosma et al.，2014）。包括 MYB41 在内的多个调控木栓质沉积的 MYB 转录因子在不同的细胞类型和系统发育上响应渗透胁迫（Artur et al.，2021）。盐胁迫也能诱导 MYB39 和 MYB36 等 MYB 转录因子，参与根质外体屏障的形成和盐分外排（Alassimone et al.，2016）。

碱蓬分布于潮间带和内陆盐渍土中，凯氏带的作用使得这两种生活在不同地区的碱蓬存在差异，与凯氏带形成相关的 *SsPEROXIDASE64* 和 *SsCASP* 在潮间带种群中表达更高，凯氏带更加明显（Liu et al.，2020）。大量与木栓质及脂肪酸生物合成相关的差异表达基因在旱生植物中上调（Zhou et al.，2022）。有研究者研究了玉米自交系 CIMBL45，发现该自交系表现出对盐胁迫的超敏反应，还发现该表型是一个隐性遗传基因，将其命名为耐盐基因 1（*ZmSTL1*）。*ZmSTL1* 编码内皮层凯氏带结构域（CSD）定位蛋白 ZmESBL。*ZmESBL* 的缺失会破坏质外体屏障的形成，阻止 Na$^+$通过质外体途径穿过内皮层（Wang et al.，2022）。

二、质外体屏障在植物耐盐和抗旱中的作用

质外体屏障的重要特性越来越受到关注，人们希望通过利用质外体屏障的可塑性来增强根的功能，以平衡养分吸收和非生物胁迫抗性。大多数植物在多数胁迫下都显示出增强的质外体屏障，可能在调节对水和营养离子的吸收方面发挥重要作用。我们在此重点介绍目前在质外体屏障与植物抗旱性和耐盐性领域的进展。

（一）抗旱性

质外体屏障主要对根中的跨细胞途径和质外体途径的径向水分运输提供阻力，影响着水分利用效率和蒸腾速率，在植物抗旱性中发挥重要作用。然而由于不同物种凯氏带化学组成存在很大争议，不同物种间木栓质单体的组成也表现出很大差异。因此，对不同物种的质外体屏障进行研究尤为重要。

1. 中生植物

在拟南芥上，大量正向遗传学和反向遗传学的研究揭示了质外体屏障形成的分子机制，这为深入研究质外体屏障与植物抗旱性提供了条件。拟南芥 $esb1$（木栓质增强型 1）突变体比野生型具有更高的水分利用效率和更低的蒸腾速率，这与木栓质沉积增加和根中异位木质化有关（Baxter et al.，2009）。$cyp86a1$ 突变体中木栓质强烈减少，$abcg2-1-abcg6-1-abcg20-1$ 三重突变体的木栓化聚合物中伯醇含量总体减少 70%，都导致根系对水的渗透性更强（Yadav et al.，2014；Wang et al.，2020）。$cyp86a1-1-cyp86b1-1$ 双突变体中叶片 K^+/Na^+ 比、相对含水量、根木栓质的含量显著降低，根中水分流失增加（de Silva et al.，2021），表现出对干旱强烈的敏感性。

木栓质被认为是内皮层发育的标志，但是有研究者发现，与模式植物拟南芥完全不同，番茄（*Solanum lycopersicum*）的木栓质存在于外皮层中，通过对木栓化相关的转录因子 MYB92 与 ASFT 酶的功能分析，研究人员揭示了番茄外皮层木栓质在植物的缺水反应中的重要作用。调控外皮层木栓化可能是一种培育适应气候变化的植物新品种的新策略（Canto et al.，2022）。

从"唐山酥梨"（*Pyrus bretschneideri*）及其突变体"秀酥"的外果皮转录组中筛选出一个差异表达基因 *PbSPMS*。*PbSPMS* 有助于转基因拟南芥中多胺（PA）酚类的合成、木栓质的沉积，提高植物对干旱和盐胁迫的抗性（Jiang et al.，2020）。从脐橙（*Citrus sinensis*）中分离出一个负责木栓质长链脂肪酸前体合成的关键基因 *CsKCS6*，在渗透胁迫下，在拟南芥中表达 *CsKCS6* 减少了植株的水分损失和离子泄漏，提高了干旱胁迫下的存活率（Guo et al.，2020）。大豆（*Glycine max*）*GmLACS2-3* 的表达极大地恢复了拟南芥 *atlacs2* 突变体的表型，过表达则显著增加了拟南芥角质和木栓质的含量，但对蜡质几乎没有影响，这表明 *GmLACS2-3* 在角质和木栓质合成中有特定的作用，此外，过表达植物表现出增强的耐旱性（Ayaz et al.，2021）。

2. 旱生植物

关于旱生植物质外体屏障方面的研究较少，木栓质的组成和结构与抗旱性之间的关系

尚未阐明。在旱、中生植物老芒麦中，通过对比耐旱种质和干旱敏感种质的根系质外体屏障差异以及水分和营养运输的差异，发现，渗透胁迫均能诱导两份种质根系质外体屏障的建立，但耐旱种质形成凯氏带和木栓层更早，这能帮助老芒麦抵御胁迫下水和矿质营养的散失，提高其抗旱性（Liu et al.，2022）。对四合木和霸王质外体屏障的比较研究发现，两种植物具有相似的木栓质和相关脂肪酸组分，但四合木中木栓质单体含量更高。在干旱胁迫下，四合木中木栓质及其脂肪酸前体代谢的差异基因数量显著高于霸王，这表明四合木比霸王更加耐旱（Zhou et al.，2022）。濒危物种疏花水柏枝（*Myricaria laxiflora*）具有由内皮层、增厚的木质化细胞壁、木栓质、角质层和通气组织组成的质外体屏障，可以更好地应对干旱等极端生存环境（Li et al.，2021）。此外，还有许多旱生植物都具有相似的木质化细胞壁和通气组织，这对于植物干旱生境下的生长发育至关重要（Yang et al.，2019）。

（二）耐盐性

在拟南芥、作物和盐生植物中的研究表明，质外体屏障的存在不仅限制了各个途径的水分和矿质营养运输，而且对于防止 Na$^+$ 和 Cl$^-$ 装载到木质部至关重要，因此赋予了植物一定的耐盐能力（Nawrath et al.，2013）。这在水稻、棉花、玉米等甜土植物和一些盐生植物中都得到了证实（Reinhardt et al.，1995；Karahara et al.，2004；Krishnamurthy et al.，2009，2011）。

1. 甜土植物

水稻是典型的甜土植物，对盐的敏感性高，但也有部分品种表现高度的耐盐性。研究表明，在盐胁迫条件下，盐敏感型和耐盐型水稻的根中质外体屏障均会沉积，但耐盐型水稻的木栓化程度更高，更有效地减少了 Na$^+$ 旁流（通过质外体途径流入的 Na$^+$），从而拥有盐胁迫下更高的存活率（Krishnamurthy et al.，2009，2011）。在水稻低 Na$^+$ 和高 Na$^+$ 转运重组自交系 IR55178 研究中，盐处理下，通过质外体途径流入的 Na$^+$ 与地上部 Na$^+$ 浓度呈正相关，与幼苗的存活率之间呈负相关，这表明质外体屏障可以作为一种新的水稻耐盐性筛选技术（Faiyue et al.，2012）。在水稻与玉米的比较研究中，水稻表现出比玉米更低的质外体透水性，这是因为水稻有更多的木栓质沉积（Schreiber et al.，2005）。另外，野生稻（*Oryza coarctata*）有较强的质外体屏障，而且在其根茎节间组织中还发现，木质化和木栓化程度会随着盐浓度的增加而减少。节间组织中质外体屏障将所需的 Na$^+$ 和 K$^+$ 运输到发育中的叶片中，以进行渗透调节和膨压驱动的生长，而位置较深的节间组织则起到 Na$^+$ 缓冲/螯合的作用，这使得野生稻拥有较强的耐盐性（Rajakani et al.，2022）。

有研究指出，*ANAC046* 是促进拟南芥根中木栓质生物合成的重要转录因子，主要在根内皮层和周皮中表达，也可通过损伤叶片诱导。*ANAC046* 过表达株系中甾醇沉积和脂肪酸升高，特别是 C24 和 C26 的超长链脂肪酸（VLCFA），这使得根中的木栓质含量几乎升高两倍（Mahmood et al.，2021）。通过对拟南芥木栓质合成缺陷突变体 *cyp86a1* 的研究发现，植物根内皮层木栓质能限制 Na$^+$ 通过跨细胞途径而非质外体途径流入维管组织，同时减少水分和 K$^+$ 向土壤的回流，从而赋予植物耐盐性（Wang et al.，2020）。过

表达脐橙 *CsKCS6* 基因的拟南芥在盐胁迫下表现出更长的根和更高的存活率（Guo et al.，2020）。

　　根对盐的外排是甜高粱耐盐性的基础。在拟南芥中表达甜高粱 *SbCAPS4* 有效增强了根质外体屏障，改善了根系 Na^+ 外排，降低了茎 Na^+ 浓度，减少了 ROS 的产生，显著提高了转基因拟南芥对盐胁迫的耐受性（Wei et al.，2021）。类似的一项研究通过在拟南芥中异源表达甜高粱根内皮层细胞膜中的 CASP 样蛋白 1C1（SbCASP-LP1C1），同样增强了根系质外体屏障的形成，有效地限制了 Na^+ 从根向地上部的运输，减少了 ROS 的积累，从而增强植株的耐盐性（Liu et al.，2023）。

2. 盐生植物

　　植物拥有复杂的耐盐机制，部分植物具有盐腺、肉质组织、较厚的质外体屏障等结构特征（Flowers et al.，2015）。质外体屏障在毒性离子外排中发挥着关键作用，是培育耐盐作物的重要途径（Krishnamurthy et al.，2014）。盐生植物，特别是水生盐生植物和一些潜水植物，能通过根系诱导的过滤机制排除过量盐分。根中内皮层的凯氏带和木栓质也被证明参与了排盐途径。根系质外体屏障能够起到疏水作用，有助于离子和水的吸收调节，从而减少有毒离子通过蒸腾流积聚在地上组织中（Zhang et al.，2022）。质外体屏障已被证明在碱蓬（*Suaeda salsa*）、印度红树（*Avicennia officinalis*）、水黄皮（*Pongamia pinnata*）等盐生植物对高盐的适应中具有重要作用。在红树植物水黄皮中发现，木栓质的沉积减少了叶片的 Na^+ 积累，降低了盐对植物部分区域的毒性，这是水黄皮耐盐性的关键机制之一（Marriboina et al.，2020）。质外体屏障的沉积增加了印度红树质外体旁流的阻力，根内 Na^+ 和 Cl^- 优先沉积在内皮层表明质外体屏障能有效阻断毒性离子进入中柱组织从而到达地上部（Cui et al.，2021）。印度红树 *AoCYP94B1* 的异源表达通过增强根中木栓质的沉积提高了拟南芥幼苗对盐的耐受性。*AtWRKY33* 在拟南芥中作为 *AtCYP94B1* 的调节因子，其突变导致木栓质的合成减少以及盐敏感表型，表明 WRKY33 能够影响质外体屏障的形成（Krishnamurthy et al.，2020）。

　　研究质外体屏障的形成以及与之相关的调控，对于理解各种植物在环境胁迫下的响应至关重要，构建质外体屏障相关的突变体和转基因植物等多种技术可用于探索植物如何应对不同的环境胁迫。

参考文献

刘鑫，王沛，周青平，2021. 植物根系质外体屏障研究进展 [J]. 植物学报，56（6）：761-773.

王平，周青平，王沛，2019. 植物内皮层的分化及其屏障功能研究进展 [J]. 西北植物学报，39（4）：752-762.

ALASSIMONE J，FUJITA S，DOBLAS V G，et al.，2016. Polarly localized kinase SGN1 is required for Casparian strip integrity and positioning [J]. Nature Plants，2：16113.

ARTUR M A S，KAJALA K，2021. Convergent evolution of gene regulatory networks underlying plant adaptations to dry environments [J]. Plant，Cell & Environment，44（10）：3211-3222.

AYAZ A，HUANG H，ZHENG M，et al.，2021. Molecular cloning and functional analysis of *GmL ACS2-3* reveals its involvement in cutin and suberin biosynthesis along with abiotic stress tolerance [J].

International Journal of Molecular Sciences，22 (17)：9175.

BARBERON M，2017. The endodermis as a checkpoint for nutrients ［J］. The New Phytologist，213 (4)：1604 - 1610.

BARBERON M，GELDNER N，2014. Radial transport of nutrients：The plant root as a polarized epithelium ［J］. Plant physiology，166 (2)：528 - 537.

BARBERON M，VERMEER J E，DE BELLIS D，et al.，2016. Adaptation of root function by nutrient - induced plasticity of endodermal differentiation ［J］. Cell，164 (3)：447 - 459.

BARBOSA I C R，ROJAS - MURCIA N，GELDNER N，2019. The Casparian strip—one ring to bring cell biology to lignification? ［J］. Current Opinion in Biotechnology，56：121 - 129.

BARZEGARGOLCHINI B，MOVAFEGHI A，DEHESTANI A，et al.，2017. Increased cell wall thickness of endodermis and protoxylem in *Aeluropus littoralis* roots under salinity：The role of *LAC4* and *PER64* genes ［J］. Journal of Plant Physiology，218：127 - 134.

BAXTER I，HOSMANI P S，RUS A，et al.，2009. Root suberin forms an extracellular barrier that affects water relations and mineral nutrition in *Arabidopsis*. PLoS Genetics，5：e1000492.

BEISSON E，LI Y，BONAVENTURE G，et al.，2007. The acyltransferase GPAT5 is required for the synthesis of suberin in seed coat and root of *Arabidopsis* ［J］. Plant Cell，19 (1)：351 - 368.

BINENBAUM J，WULFF N，CAMUT，L et al.，2023. Gibberellin and abscisic acid transporters facilitate endodermal suberin formation in *Arabidopsis* ［J］. Nature Plants，9 (5)：785 - 802.

CANTÓ - PASTOR A，KAJALA K，SHAAR - MOSHE L，et al.，2022. A suberized exodermis is required for tomato drought tolerance ［J］. BioRxiv：2022 - 10. 10. 511665.

CHENG H，INYANG A，LI C，et al.，2020. Salt tolerance and exclusion in the mangrove plant *Avicennia marina* in relation to root apoplastic barriers ［J］. Ecotoxicology，29：676 - 683.

COHEN H，FEDYUK V，WANG C，et al.，2020. SUBERMAN regulates developmental suberization of the *Arabidopsis* root endodermis ［J］. The Plant Journal，102 (3)：431 - 447.

COMPAGNON V，DIEHL P，BENVENISTE I，et al.，2009. CYP86B1 is required for very long chain ω - hydroxyacid and α，ω - dicarboxylic acid synthesis in root and seed suberin polyester ［J］. Plant Physiology，150 (4)：1831 - 1843.

CUI B，LIU R，FLOWERS T J，et al.，2021. Casparian bands and Suberin lamellae：Key targets for breeding salt tolerant crops? ［J］. Environmental and Experimental Botany，191：104600.

DE SILVA N D G，MURMU J，CHABOT D，et al.，2021. Root suberin plays important roles in reducing water loss and sodium uptake in *Arabidopsis thaliana* ［J］. Metabolites，11 (11)：735.

DEBOLT S，Scheible W R，Schrick K，et al.，2009. Mutations in UDP - Glucose：Sterol glucosyltransferase in *Arabidopsis* cause transparent testa phenotype and suberization defect in seeds ［J］. Plant Physiology，151 (1)：78 - 87.

DOBLAS V G，GELDNER N，BARBERON M，2017. The endodermis，a tightly controlled barrier for nutrients ［J］. Current Opinion in Plant Biology，39：136 - 143.

DOMERGUE F，VISHWANATH S J，JOUBÈS J，et al.，2010. Three *Arabidopsis* fatty acyl - coenzyme A reductases，FAR1，FAR4，and FAR5，generate primary fatty alcohols associated with suberin deposition ［J］. Plant Physiology，153 (4)：1539 - 1554.

DUAN L，DIETRICH D，NG C H，et al.，2013. Endodermal ABA Signaling promotes lateral root quiescence during salt stress in *Arabidopsis* seedlings ［J］. The Plant Cell，25 (1)：324 - 341.

DUBOS C，STRACKE R，GROTEWOLD E，et al.，2010. MYB transcription factors in *Arabidopsis*

[J]. Trends in Plant Science, 15 (10): 573 - 581.

FAIYUE B, AL - AZZAWI M J, FLOWERS T J, 2012. A new screening technique for salinity resistance in rice (*Oryza sativa* L.) seedlings using bypass flow [J]. Plant Cell & Environment, 35 (6): 1099 - 1108.

FLOWERS T J, MUNNS R, COLMER T D, 2015. Sodium chloride toxicity and the cellular basis of salt tolerance in halophytes [J]. Annals of Botany, 115: 419 - 431.

FRANKE R, HÖFER R, BRIESEN I, et al., 2009. The *DAISY* gene from *Arabidopsis* encodes a fatty acid elongase condensing enzyme involved in the biosynthesis of aliphatic suberin in roots and the chalaza - micropyle region of seeds [J]. Plant Journal, 57 (1): 80 - 95.

FRANKE R, SCHREIBER L, 2007. Suberin—a biopolyester forming apoplastic plant interfaces [J]. Current Opinion in Plant Biology, 10 (3): 252 - 259.

GARCÍA M J, LUCENA C, ROMERA F J, et al., 2010. Ethylene and nitric oxide involvement in the up-regulation of key genes related to iron acquisition and homeostasis in *Arabidopsis* [J]. Journal of Experimental Botany, 61: 3885 - 3899.

GELDNER N, 2013. The endodermis [J]. Annual Review of Plant Biology, 64 (1): 531 - 558.

GRAÇA J, 2015. Suberin: the biopolyester at the frontier of plants [J]. Frontiers in Chemistry, 3 (4): 62.

GUO W, WU Q, YANG L, et al., 2020. Ectopic expression of *CsKCS6* from navel orange promotes the production of very - long - chain fatty acids (VLCFAs) and increases the abiotic stress tolerance of *Arabidopsis thaliana* [J]. Frontiers in Plant Science, 11: 564656.

HARMAN - WARE A E, SPARKS S, ADDISON B, et al., 2021. Importance of suberin biopolymer in plant function, contributions to soil organic carbon and in the production of bio - derived energy and materials [J]. Biotechnology for Biofuels, 14 (1): 75.

HÖFER R, BRIESEN I, BECK M, et al., 2008. The *Arabidopsis* cytochrome P450 *CYP86A1* encodes a fatty acid ω - hydroxylase involved in suberin monomer biosynthesis [J]. Journal of Experimental Botany, 59 (9): 2347 - 2360.

HOSMANI P S, KAMIYA T, DANKU J, et al., 2013. Dirigent domain - containing protein is part of the machinery required for formation of the lignin - based Casparian strip in the root [J]. Proceedings of the National Academy of Sciences, 110 (35): 14498 - 14503.

JIANG X, ZHAN J, WANG Q, et al., 2020. Overexpression of the pear *PbSPMS* gene in *Arabidopsis thaliana* increases resistance to abiotic stress [J]. Plant Cell, Tissue and Organ Culture (PCTOC), 140: 389 - 401.

KAMIYA T, BORGHI M, WANG P, et al., 2015. The MYB36 transcription factor orchestrates Casparian strip formation [J]. Proceedings of the National Academy of Sciences of the United States of America, 112 (33): 10533 - 10538.

KARAHARA I, IKEDA A, KONDO K, et al., 2004. Development of the Casparian strip in primary roots of maize under salt stress [J]. Planta, 219: 41 - 47.

KOSMA D K, MURMU J, RAZEQ F M, et al., 2014. AtMYB41 activates ectopic suberin synthesis and assembly in multiple plant species and cell types [J]. Plant Journal for Cell & Molecular Biology, 80 (2): 216 - 229.

KRESZIES T, SHELLAKKUTTI N, OSTHOFF A, et al., 2019. Osmotic stress enhances suberization of apoplastic barriers in barley seminal roots: analysis of chemical, transcriptomic and physiological responses [J]. The New Phytologist, 221 (1): 180 - 194.

KRISHNAMURTHY P, JYOTHI - PRAKASH P A, QIN L, et al., 2014. Role of root hydrophobic barriers in salt exclusion of a mangrove plant *Avicennia officinalis* [J]. Plant Cell and Environment, 37: 1656 - 1671.

KRISHNAMURTHY P, RANATHUNGE K, FRANKE R et al., 2009. The role of root apoplastic transport barriers in salt tolerance of rice (*Oryza sativa* L.) [J]. Planta, 230: 119 - 134.

KRISHNAMURTHY P, RANATHUNGE K, NAYAK S, et al., 2011. Root apoplastic barriers block Na$^+$ transport to shoots in rice (*Oryza sativa* L.) [J]. Journal of Experimental Botany, 62 (12): 4215 - 4228.

KRISHNAMURTHY P, VISHAL B, BHAL A, et al., 2021. *WRKY9* transcription factor regulates cytochrome P450 genes *CYP94B3* and *CYP86B1*, leading to increased root suberin and salt tolerance in *Arabidopsis* [J]. Physiologia Plantarum, 172 (3): 1673 - 1687.

KRISHNAMURTHY P, VISHAL B, HO W, et al., 2020. Regulation of a cytochrome P450 Gene *CYP94B1* by WRKY33 transcription factor controls apoplastic barrier formation in roots to confer salt tolerance [J]. Plant Physiology, 184 (4): 2199 - 2215.

LASHBROOKE J, COHEN H, LEVY - SAMOCHA D, et al., 2016. MYB107 and MYB9 homologs regulate suberin deposition in angiosperms [J]. Plant Cell, 28 (9): 2097 - 2116.

LEE S B, JUNG S J, GO Y S, et al., 2009. Two *Arabidopsis* 3 - ketoacyl CoA synthase genes, *KCS20* and *KCS2/DAISY*, are functionally redundant in cuticular wax and root suberin biosynthesis, but differentially controlled by osmotic stress [J]. The Plant Journal, 60 (3): 462 - 475.

LEE Y, RUBIO M C, ALASSIMONE J, et al., 2013. A mechanism for localized lignin deposition in the endodermis [J]. Cell, 153 (2): 402 - 412.

LI B, KAMIYA T, KALMBACH L, et al., 2017. Role of *LOTR1* in Nutrient Transport through Organization of Spatial Distribution of Root Endodermal Barriers [J]. Current Biology, 27 (5): 758 - 765.

LI L, WU D, ZHEN Q, et al., 2021. Morphological structures and histochemistry of roots and shoots in *Myricaria laxiflora* (Tamaricaceae) [J]. Open Life Sciences, 16 (1): 455 - 463.

LIBERMAN L M, SPARKS E E, MORENO - RISUENO M A, et al., 2015. MYB36 regulates the transition from proliferation to differentiation in the *Arabidopsis* root [J]. Proceedings of the National Academy of Sciences of the United States of America, 112 (39): 12099 - 12104.

LIU L, WEI X, YANG Z, et al., 2023. *SbCASP - LP1C1* improves salt exclusion by enhancing the root apoplastic barrier [J]. Plant Molecular Biology, 111 (1 - 2): 73 - 88.

LIU Q, YANG Y, ZHANG X, et al., 2020. Chloride allocation in the euhalophyte *Suaeda salsa* from different habitats in field and controlled saline conditions [J]. Aquatic Botany, 167: 103292.

LIU X, WANG P, AN Y, et al., 2022. Endodermal apoplastic barriers are linked to osmotic tolerance in meso - xerophytic grass *Elymus sibiricus* [J]. Frontiers in Plant Science, 13: 1007494.

MAHMOOD K, ZEISLER - DIEHL V V, SCHREIBER L, et al., 2019. Overexpression of *ANAC046* promotes suberin biosynthesis in roots of *Arabidopsis thaliana* [J]. International Journal of Molecular Sciences, 20 (24): 6117.

MARRIBOINA S, REDDYA R, 2020. Hydrophobic cell - wall barriers and vacuolar sequestration of Na$^+$ ions are among the key mechanisms conferring high salinity tolerance in a biofuel tree species, *Pongamia pinnata* L. pierre [J]. Environmental and Experimental Botany, 171: 103949.

MOLINA I, LI - BEISSON Y, BEISSON F, et al., 2009. Identification of an *Arabidopsis* Feruloyl - Coenzyme A Transferase Required for Suberin Synthesis [J]. Plant Physiology, 151 (3): 1317 - 1328.

NASEER S, LEE Y, LAPIERRE C, et al., 2012. Casparian strip diffusion barrier in *Arabidopsis* is made of a lignin polymer without suberin [J]. Proceedings of the National Academy of Sciences, 109 (25): 10101 - 10106.

NAWRATH C, SCHREIBER L, FRANKE R B, et al., 2013. Apoplastic diffusion barriers in *Arabidopsis* [J]. The Arabidopsis Book/American Society of Plant Biologists, 11: e0167.

OLGA S, NIKO G, 2022. The making of suberin [J]. New Phytologist, 235: 848 - 866.

PERUMALLA C J, PETERSON C A, ENSTONE D E, 1990. A survey of angiosperm species to detect hypodermal Casparian bands. I. Roots with a uniseriate hypodermis and epidermis [J]. Botanical Journal of the Linnean Society, 103 (2): 93 - 112.

PFISTER A, BARBERON M, ALASSIMONE J, et al., 2014. A receptor - like kinase mutant with absent endodermal diffusion barrier displays selective nutrient homeostasis defects [J]. Elife, 3: e03115.

RAJAKANI R, SELLAMUTHU G, ISHIKAWA T, et al., 2022. Reduced apoplastic barriers in tissues of shoot - proximal rhizomes of *Oryza coarctata* are associated with Na^+ sequestration [J]. Journal of Experimental Botany, 73 (3): 998 - 1015.

RANATHUNGE K, SCHREIBER L, FRANKE R, 2011. Suberin research in the genomics era: New interest for an old polymer [J]. Plant Science, 180 (3): 399 - 413.

REINHARDT D H, ROST T L, 1995. Salinity accelerates endodermal development and induces an exodermis in cotton seedling roots [J]. Environmental and Experimental Botany, 35 (4): 563 - 574.

ROBBINS N E, TRONTIN C, DUAN L, et al., 2014. Beyond the barrier: communication in the root through the endodermis [J]. Plant Physiology, 166 (2): 551 - 559.

ROSSI L, FRANCINI A, MINNOCCI A, et al., 2015. Salt stress modifies apoplastic barriers in olive (*Olea europaea* L.): A comparison between a salt - tolerant and a salt - sensitive cultivar [J]. Scientia Horticulturae, 192: 38 - 46.

SCHREIBER L, FRANKE R, HARTMANN K D, et al., 2005. The chemical composition of suberin in apoplastic barriers affects radial hydraulic conductivity differently in the roots of rice (*Oryza sativa* L. cv. IR64) and corn (*Zea mays* L. cv. Helix) [J]. Journal of Experimental Botany, 56: 1427 - 1436.

SHIONO K, ANDO M, NISHIUCHI S, et al., 2014. RCN1/OsABCG5, an ATP - binding cassette (ABC) transporter, is required for hypodermal suberization of roots in rice (*Oryza sativa*) [J]. The Plant Journal : for Cell and Molecular Biology, 80: 40 - 51.

SHUKLA V, HAN J, CLÉARD F, et al., 2021. Suberin plasticity to developmental and exogenous cues is regulated by a set of MYB transcription factors [J]. Proceedings of the National Academy of Sciences of the United States of America, 118 (39): e2101730118.

STEUDLE E, 2000. Water uptake by roots: effects of water deficit [J]. Journal of Experimental Botany, 51 (350): 1531 - 1542.

STEUDLE E, 2001. Water uptake by plant roots: an integration of views [J]. Plant and Soil, 226: 45 - 56.

STRACKE R, WERBER M, WEISSHAAR B, 2001. The *R2R3 - MYB* gene family in *Arabidopsis thaliana* [J]. Current Opinion in Plant Biology, 4 (5): 447 - 456.

THANGAMANI P D, 2022. Effect of salt stress on apoplastic barriers in roots and leaves of two barley species [D]. Bonn : Universitäts - und Landesbibliothek.

URSACHE R, DE JESUS VIEIRA TEIXEIRA C, DÉNERVAUD TENDON V, et al., 2021. GDSL -

domain proteins have key roles in suberin polymerization and degradation [J] . Nature Plants, 7: 353 - 364.

VISHWANATH S J, DELUDE C, DOMERGUE F, et al. , 2015. Suberin: biosynthesis, regulation, and polymer assembly of a protective extracellular barrier [J] . Plant Cell Reports, 34 (4): 573 - 586.

WAN J, WANG R, ZHANG P, et al. , 2021. MYB70 modulates seed germination and root system development in *Arabidopsis* [J] . Iscience, 24 (11): 103228.

WANG C, WANG H, LI P, et al. , 2020a. Developmental programs interact with abscisic acid to coordinate root suberization in *Arabidopsis* [J] . The Plant journal : for Cell and Molecular Biology, 104 (1): 241 - 251.

WANG P, CALVO - POLANCO M, REYT G, et al. , 2019. Surveillance of cell wall diffusion barrier integrity modulates water and solute transport in plants [J] . Scientific reports, 9 (1): 4227.

WANG P, WANG C, GAO L, et al. , 2020b. Aliphatic suberin confers salt tolerance to *Arabidopsis* by limiting Na⁺ influx, K⁺ efflux and water backflow [J] . Plant and Soil, 448 (1): 603 - 620.

WANG Y, CAO Y, LIANG X, et al. , 2022. A dirigent family protein confers variation of Casparian strip thickness and salt tolerance in maize [J] . Nature communications, 13 (1): 2222.

WEI X, LIU L, LU C, et al. , 2021. *SbCASP4* improves salt exclusion by enhancing the root apoplastic barrier [J] . Planta, 254 (4): 81.

WOOLFSON K N, ESFANDIARI M, BEMARDS M A, 2022. Suberin biosynthesis, assembly, and regulation [J] . Plants (Basel), 11 (4): 555.

XU H, LIU P, WANG C, et al. , 2022. Transcriptional networks regulating suberin and lignin in endodermis link development and ABA response [J] . Plant Physiology, 190 (2): 1165 - 1181.

YADAV V, MOLINA I, RANATHUNGE K, et al. , 2014. ABCG transporters are required for suberin and pollen wall extracellular barriers in *Arabidopsis* [J] . The Plant Cell, 26 (9): 3569 - 3588.

YANG C, YANG X, ZHANG X, et al. , 2019. Anatomical structures of alligator weed (*Alternanthera philoxeroides*) suggest it is well adapted to the aquatic - terrestrial transition zone [J] . Flora, 253: 27 - 34.

YIN H, LI M, LI D, et al. , 2019. Transcriptome analysis reveals regulatory framework for salt and osmotic tolerance in a succulent xerophyte [J] . BMC Plant Biology, 19: 88.

ZEIER J, SCHREIBER L, 1998. Comparative investigation of primary and tertiary endodermal cell walls isolated from the roots of five monocotyledoneous species: chemical composition in relation to fine structure [J] . Planta, 206: 349 - 361.

ZHANG L, MERLIN I, PASCAL S, et al. , 2020. Drought activates MYB41 orthologs and induces suberization of grapevine fine roots [J] . Plant Direct, 4: e00278.

ZHOU M, CHEN N, ZOU Y, et al. , 2022. Comparative analysis of periderm suberin in stems and roots of *Tetraena mongolica* Maxim and *Zygophyllum xanthoxylum* (Bunge) Engl [J] . Trees, 36: 325 - 339.